水分析化学实验指导书

冯茜丹 邹梦遥 主 编

科学出版社

北 京

内 容 简 介

本书根据高等学校给排水科学与工程本科指导性专业规范和水分析化学课程教学的基本要求进行编写,包括水分析化学实验基础知识、水分析化学常规实验和水分析化学设计性实验。另外,本书附录还列举了一些水质指标与水质标准等供读者使用,有助于培养学生的实验实践能力和科研创新能力。

本书可作为普通本科院校给水排水科学与工程、环境工程、环境科学、资源环境科学等专业水分析化学实验课程的学习指导用书,也可供相关专业的师生参考。

图书在版编目(CIP)数据

水分析化学实验指导书/冯茜丹等主编. —北京:科学出版社,2021.12

ISBN 978-7-03-070172-5

Ⅰ.①水… Ⅱ.①冯… Ⅲ.①水质分析－分析化学－化学实验－高等学校－教学参考资料 Ⅳ.①O661.1-33

中国版本图书馆 CIP 数据核字(2021)第 211323 号

责任编辑:郭勇斌 肖 雷/责任校对:杜子昂
责任印制:张 伟/封面设计:刘云天

科学出版社 出版
北京东黄城根北街 16 号
邮政编码:100717
http://www.sciencep.com

北京凌奇印刷有限责任公司 印刷
科学出版社发行 各地新华书店经销

*

2021 年 12 月第 一 版 开本:720×1000 1/16
2022 年 7 月第二次印刷 印张:12 1/2
字数:240 000

定价:69.00 元

(如有印装质量问题,我社负责调换)

本书编委会

主　　编：冯茜丹　邹梦遥
副主编：刘　雯　黄帮裕　叶茂友
　　　　王清华　林　冲
编　　委：陈雪晴　罗家琪　雷泽湘
　　　　刘　晖　陶雪琴　陈秋丽
　　　　李世宇

前　言

　　水分析化学是给排水科学与工程、环境工程、环境科学、资源环境科学等专业非常重要的专业基础课，内容涵盖了水分析化学的理论和技术。水分析化学实验是水分析化学理论学习不可缺少的配套实践环节，是巩固、扩大和加深所学理论的必要途径，也是培养学生用理论指导实践、实践应用理论的基本教学方法。本书可作为普通本科院校给排水科学与工程、环境工程、环境科学、资源环境科学等专业水分析化学实验课程的学习指导用书，有助于培养学生的实验实践能力和科研创新能力。

　　本书根据教育部高等学校给排水科学与工程本科指导性专业规范和水分析化学课程教学的基本要求，结合我国水资源监测的实际工作需要，系统介绍了常见水质分析指标的测定原理、方法、使用仪器和试剂、实验步骤、数据记录并设置了分析讨论及思考题等，力求突出水分析化学监测方法的实用性、规范性。编写时偏重培养基本操作技术和进行科学实验能力的训练；既注重使学生掌握水分析化学的基本实验技能，又突出应用多种方法进行综合性实验的训练；既符合各类水质分析例行监测规范，又满足水分析化学课程的内容与要求。各高校可根据教学的实际需要和具体实验条件，从中取舍，灵活使用。

　　本书包括三章内容：第一章介绍水分析化学实验基础知识，包括定量分析中常用玻璃仪器及使用方法、水分析化学实验常用纯水、化学试剂的规格及取用、水样的采集和保存、实验数据的处理等。第二章为水分析化学常规实验，包括 2 个预备练习（药品称量及试剂配制、滴定分析基本操作）和 22 个基本监测项目。第三章为水分析化学设计性实验，包括地表水、自来水、生活污水等水质指标测定及综合分析与评价，培养学生的综合实践应用能力。另外，附录给出了水质指标与水质标准、水质分析常用试剂配制方法、实验室安全规范、实验室意外事故处理、学生实验守则、实验报告撰写要求及格式规范等相关标准及规范。

　　本教材编委会成员除特别标注外，均来自仲恺农业工程学院资源与环境学院。本教材第一章由刘雯、黄帮裕执笔；第二章由冯茜丹、邹梦遥、王清华（广州检验检测认证集团有限公司）执笔；第三章由叶茂友执笔；前言、附录等由冯茜丹、林冲执笔；参加编写的还有陈雪晴、罗家琪（中山市中能检测中心有限公司）、雷泽湘、刘晖、陶雪琴、陈秋丽、李世宇等；全书由冯茜丹、邹梦遥统稿。在本书的编写过程中，得到了学生高梓旭、许佳澄、林汝聪的协助，参阅了相关教材、实验指导及图片，在此一并表示感谢！

　　本书获得广东省高等学校优秀青年教师培养计划培养对象（粤教师函〔2014〕45 号）、广东省高等学校特色专业建设（环境科学）（粤教高函〔2017〕214 号）、环境生物与生态学教学团队（仲教字〔2019〕23 号）项目的资助。

　　由于本书的涉及面较广，编者水平有限，书中难免存在疏漏和不足之处。敬请读者提出宝贵意见，作为修订参考。非常感谢！

编　者

2021 年 10 月于广州

目　　录

前言

第一章　水分析化学实验基础知识 ·· 1

　　第一节　定量分析中常用玻璃仪器及使用方法 ················· 1

　　第二节　水分析化学实验常用纯水 ····································· 11

　　第三节　化学试剂的规格及取用 ··· 15

　　第四节　水样的采集和保存 ·· 17

　　第五节　实验数据的处理 ·· 25

第二章　水分析化学常规实验 ··· 32

　　实验一　预备练习一　药品称量及试剂配制 ····················· 32

　　实验二　预备练习二　滴定分析基本操作 ························· 39

　　实验三　水质基础指标的测定（色度、悬浮物、pH、浊度） ··· 44

　　实验四　水中碱度的测定——酸碱滴定法 ························· 52

　　实验五　水中硬度的测定——络合滴定法 ························· 56

　　实验六　水中氯化物的测定——沉淀滴定法 ····················· 60

　　实验七　水质高锰酸盐指数（COD_{Mn}）的测定——酸性法 ··· 65

　　实验八　水质化学需氧量（COD_{Cr}）的测定——快速消解法 ··· 69

　　实验九　水中溶解氧（DO）的测定——碘量法 ················· 79

　　实验十　水中五日生化需氧量（BOD_5）的测定——稀释与接种法 ··· 83

　　实验十一　水体电导率的测定——静态法 ························· 92

　　实验十二　水中氟化物的测定——离子选择电极法 ··········· 95

　　实验十三　可见吸收光谱的绘制 ··· 99

　　实验十四　邻二氮菲分光光度法测定水中的铁 ················· 104

　　实验十五　紫外分光光度法测定水中的苯酚 ····················· 107

　　实验十六　水中氨氮的测定——纳氏试剂分光光度法 ········· 114

　　实验十七　水中亚硝酸盐氮的测定——N-（1-萘基）-乙二胺分光
　　　　　　　光度法 ·· 119

　　实验十八　水中硝酸盐氮的测定——酚二磺酸分光光度法 ··· 124

　　实验十九　废水中总铬的测定——火焰原子吸收分光光度法 ··· 129

　　实验二十　溶剂萃取-气相色谱法测定水中的氯苯类化合物 ··· 133

　　实验二十一　水质粪大肠菌群的测定 ……………………………………… 141
　　实验二十二　液相色谱法测定水中的苯并[a]芘 ………………………… 156
第三章　水分析化学设计性实验 ……………………………………………… 160
　　实验一　某河段水质分析与评价 …………………………………………… 160
　　实验二　某小区自来水水质指标的测定与分析 ………………………… 163
　　实验三　生活污水水质分析与评价 ……………………………………… 166
附录 1　水质指标与水质标准 ………………………………………………… 169
附录 2　水质分析常用试剂配制方法 ………………………………………… 177
附录 3　实验室安全规范 ……………………………………………………… 179
附录 4　实验室意外事故处理 ………………………………………………… 181
附录 5　学生实验守则 ………………………………………………………… 183
附录 6　实验报告撰写要求及格式规范 ……………………………………… 185
参考文献 ………………………………………………………………………… 188

第一章　水分析化学实验基础知识

第一节　定量分析中常用玻璃仪器及使用方法

一、容量瓶

1. 简介

容量瓶是细颈、梨形、平底的玻璃瓶，一般用来准确配制一定体积、一定物质的量浓度的溶液。瓶口配有磨口玻璃塞或塑料塞，瓶身标有温度和容积，有刻线而无刻度（图1.1），容量瓶在使用之前要检查是否漏水，并且要注意容量瓶的容量规格。

2. 使用方法

以配制 500 ml 的 0.1 mol/L Na_2CO_3 溶液为例。

（1）计算：500 ml 的 0.1 mol/L 的 Na_2CO_3 溶液中含有溶质 Na_2CO_3 的物质的量为 0.1 mol/L×0.5 L = 0.05 mol，需要 Na_2CO_3 的质量为：106 g/mol×0.05 mol = 5.3 g。

（2）称量：用电子天平称取 Na_2CO_3 5.3 g。

（3）溶解、冷却：应在烧杯中溶解，不能在容量瓶中溶解。容量瓶上标有温度和体积，这说明容量瓶的体积受温度影响。而物质的溶解往往伴随着一定的热效应，如果用容量瓶进行此项操作，会因热胀冷缩使它的体积不准确，严重时还可能导致容量瓶炸裂。

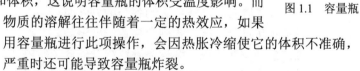

图 1.1　容量瓶

（4）转移：由于容量瓶瓶颈较细，为避免液体洒在外面，应用玻璃棒引流（图1.2）。

（5）洗涤：用少量蒸馏水洗涤烧杯 2～3 次，洗涤液要全部转移到容量瓶中。

（6）定容：向容量瓶中加入蒸馏水，在距离刻度 2～3 cm时，改用胶头滴管滴加蒸馏水至刻度线。观察刻度线时眼睛要平视，凹液面最低处与刻度线平齐（图1.3）。

图 1.2　转移示意图

（7）摇匀：将容量瓶盖好塞子，把容量瓶倒转和摇动多次，使溶液混合均匀，如图 1.4 所示。

（8）装瓶、贴标签：容量瓶中不能存放溶液，因此要把配制好的溶液转移到试剂瓶中，贴好标签，注明溶液的名称、浓度和配制日期、配制人员等信息。

俯视(错误)　　　　仰视(错误)　　　　平视(正确)

图 1.3　容量瓶定容时观察刻度线的方法

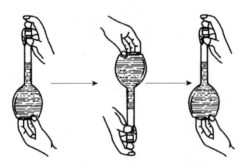

图 1.4　容量瓶中液体混匀方法

3. 注意事项

（1）忌用容量瓶进行溶解，否则会导致体积不准确。

（2）忌直接往容量瓶倒液，否则容易洒到外面。

（3）忌加水超过刻度线，否则会导致浓度偏低。

（4）忌读数仰视或俯视，仰视会导致浓度偏低，俯视会导致浓度偏高。

（5）忌不洗涤玻璃棒和烧杯，否则会导致浓度偏低。

（6）忌将标准液存放于容量瓶。化学物质长时间与容量瓶接触，可能会腐蚀容量瓶的瓶壁，对精准度造成影响，容量瓶是量器，不是容器。

二、移液管和吸量管

1. 简介

（1）移液管是准确移取一定量溶液的量器。它是一根细长而中间膨大的玻璃管，在管的上端有一环形标线，膨大部分标有它的容积和标定时的温度。常用的移液管有 10 ml、25 ml、50 ml、100 ml 等规格（图 1.5a）。

（2）吸量管的全称是"分度吸量管"，又称为刻度移液管。它是带有刻度线的量出式玻璃量器。用于移取非固定量的溶液，如 7.21 ml（图 1.5b）。

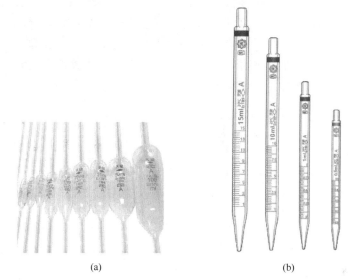

(a)　　　　　　　　　　　　　(b)

图 1.5　移液管（a）和吸量管（b）

2. 使用方法

（1）根据所移溶液的体积和要求选择合适规格的移液管（或吸量管），在滴定分析中一般使用移液管准确移取溶液，需控制试液加入量时一般使用吸量管。

（2）检查移液管（或吸量管）的管口和尖嘴有无破损，若有破损则不能使用。

（3）清洗：先用自来水淋洗移液管（或吸量管），再用铬酸洗涤液浸泡，最后用自来水淋洗干净。酸泡操作方法为：右手拿移液管（或吸量管）上端合适位置，左手拿洗耳球将洗涤液慢慢吸入管内，直至刻度线以上部分，移开吸耳球，迅速用右手食指堵住移液管上口，等待片刻后，将洗涤液放回原瓶。

（4）润洗：摇匀待吸溶液，倒一小部分待吸溶液已洗净并干燥的小烧杯中，用滤纸将清洗过的移液管（或吸量管）尖端内外的水分吸干，右手拿移液管插入小烧杯中，左手拿洗耳球吸取溶液。当吸至移液管（或吸量管）容量的 1/3 时，立即用右手食指按住管口，取出，横持并转动移液管，使溶液流遍全管内壁，将溶液从下端尖口处排入废液杯内。如此操作，润洗 3～4 次后即可吸取溶液。

（5）吸取溶液：将用待吸溶液润洗过的移液管（或吸量管）插入待吸溶液液面下 1～2 cm 处（图 1.6），用右手拿移液管（或吸量管）上端合适位置，食指靠近管上口，中指和无名指张开，握住移液管（或吸量管）外侧，拇指握在移液管（或吸量管）内侧，在中指和无名指中间位置，小指自然放松；左手拿吸耳球，持握拳式，将吸耳球握在掌中，尖口向下，握紧吸耳球，排出球内空气，将吸耳球尖口插入或紧接在移液管（或吸量管）上口，注意不能漏气。慢慢松开左手手指，将待吸液慢慢吸入管内，直至刻度线以上 1～2 cm 处时，移开吸耳球，迅速用右手食指堵住移液管（或吸量管）上口，将移液管（或吸量管）提出待吸液面，并使管尖端接触待吸液容器内壁片刻后提起，用滤纸擦干移液管（或吸量管）外壁黏附的少量溶液（在移动移液管或吸量管时，应使移液管或吸量管保持垂直，不能倾斜）。

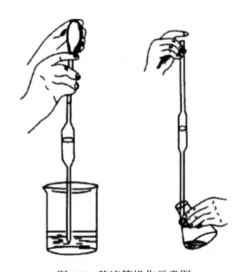

图 1.6　移液管操作示意图

（6）转移溶液：左手另取一干净小烧杯，将移液管（或吸量管）管尖紧靠小烧杯内壁，小烧杯保持倾斜，使移液管（或吸量管）保持垂直，刻度线和视线保持水平(左手不能接触移液管)。稍稍松开右手食指(可微微转动移液管或吸量管)，使管内溶液慢慢从下口流出，液面将至刻度线时，按紧右手食指，停顿片刻，再按上法将溶液的凹液面底线放至与刻度线相切为止，立即用右手食指压紧管口。将尖口处紧靠烧杯内壁，向烧杯口移动少许，去掉尖口处的液滴。将移液管或吸量管小心移至承接溶液的容器中。

（7）放出溶液：将移液管或吸量管直立，接收器倾斜，管下端紧靠接收器内壁，放开右手食指，让溶液沿接收器内壁流下，管内溶液流完后，保持放液状态15 s，将移液管或吸量管尖端在接收器靠点处沿壁前后小距离滑动几下（或将移液管尖端靠接收器内壁旋转一周），移走移液管（或吸量管）（残留在管尖内壁处的少量溶液不可用外力强使其流出，因为校准移液管或吸量管时，已考虑了尖端内壁处保留溶液的体积。但在管身上标有"吹"字的则必须用吸耳球吹出残余液体，其他情况不允许保留尖端内壁处的液体）。

（8）清洗：使用后的移液管（或吸量管）要求先用自来水淋洗后、再用铬酸洗涤液浸泡、用自来水冲洗移液管内、外壁至不挂水珠，最后用蒸馏水洗涤 3 次，倒过来放置在移液管架上控干水备用。

3. 注意事项

（1）移液管（或吸量管）不应在加热干燥器中烘干。
（2）移液管（或吸量管）不能移取太热或太冷的溶液。
（3）同一实验中应尽可能使用同一支移液管（或吸量管）。
（4）移液管（或吸量管）在使用完毕后，应立即清洗干净，置于移液管架上。
（5）移液管（或吸量管）和容量瓶常配合使用，因此在使用前常作两者的相对体积校准。
（6）在使用吸量管时，为了减少测量误差，每次都应从最上面刻度（0 刻度）处为起始点，往下放出所需体积的溶液，而不是需要多少体积就吸取多少体积。
（7）吸量管分为老式和新式，老式吸量管管身标有"吹"字样，需要用吸耳球吹出管口残余液体。新式吸量管管身则无"吹"字样，不可吹出管口残余液体，否则量取液体过多。

三、量筒

1. 简介

量筒是实验室中常用的一种量器（图 1.7），材质主要为玻璃，少数（特别是大型的）用透明塑料制造，用途是按体积定量量取液体。量筒上沿一侧有嘴，便于倾倒，下部有宽脚以保持稳定。圆筒壁上刻有容积量程，供使用者读取体积。

2. 使用方法

（1）向量筒注入液体时，应用左手拿住量筒，使量筒略倾斜，右手拿试剂瓶，试剂瓶口紧挨着量筒口，使液体缓缓流入。待注入液体的量比所需要的量稍少时，把量筒放平，改用胶头滴管滴加到所需要的量。

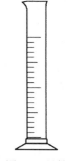

图 1.7　量筒

（2）注入液体后，等 1～2 min，使附着在内壁上的液体流下来，再读出刻度值。否则，读出的数值偏小。

（3）读数时，应把量筒放在平整的桌面上，视线与量筒内液体的凹液面的最低处保持水平。否则读数会偏高或偏低（图1.8）。

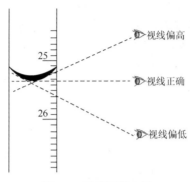

图 1.8　量筒读数方法

3．注意事项

（1）量筒不能用作反应容器。
（2）量筒不能加热。
（3）量筒不能稀释浓酸、浓碱。
（4）量筒不能储存药剂。
（5）量筒不能量取热溶液。
（6）量筒不能用去污粉清洗，以免刮花刻度。

四、滴定管

1．简介

滴定管分酸式滴定管和碱式滴定管，均是滴定分析中常用的滴定仪器（图1.9）。除了强碱溶液外，其他溶液作为滴定液时一般均采用酸式滴定管；碱式滴定管只能用于碱性溶液；现在常使用酸碱两用滴定管进行滴定，其活塞材质为聚四氟乙烯。

2．使用方法

1）酸式滴定管

（1）检查是否漏液：使用前，应检查活塞与活塞套是否配合紧密，如不紧密将会出现漏水现象，则不宜使用。然后，应进行充分的清洗。为了使活塞转动灵活并避免漏水现象，需将活塞涂油（如凡士林油脂或真空活塞脂）。用自来水充

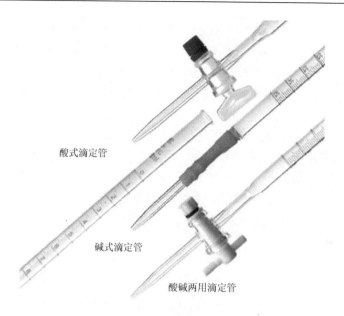

酸式滴定管

碱式滴定管

酸碱两用滴定管

图 1.9　滴定管

满滴定管，将其放在滴定管架上垂直静置约 2 min，观察有无水滴漏下。最后将活塞旋转 180°，再如前检查，如果漏水，应重新涂油。若出口管尖被油脂堵塞，可将其插入热水中温热片刻，然后打开活塞，使管内的水迅速流下，将软化的油脂冲出。油脂排出后，即可关闭活塞。

（2）润洗滴定管：将试剂瓶中的操作溶液摇匀，混匀后将溶液直接从滴定管上部倒入滴定管中，将滴定管润洗三次（第一次 10 ml，大部分可由上口放出、少部分从出口放出；第二、第三次各 5 ml，直接从出口放出）。应特别注意的是，一定要使操作溶液洗遍全部内壁，并使溶液接触管壁 1～2 min，以便与原来残留的溶液混合均匀倒出。每次都要打开活塞冲洗出口管，并尽量放出残流液。

（3）装液排气：将溶液操作倒入滴定管到充满至 0 刻度以上为止，溶液装入后擦干净滴定管外壁，进行排气操作。右手拿滴定管上部无刻度处，并使滴定管倾斜约 30°，左手迅速打开活塞使溶液冲出，使出口管中不再留有气泡（下面用烧杯盛接溶液，或到水池边使溶液放到水池中）。若气泡未能排出，需重复上述排气操作或重洗。确定出口管无气泡后，右手拿滴定管上部无刻度处呈自然垂直状，继续把溶液放至凹液面与滴定管 0 刻度线齐平，装液步骤才算完成。

（4）滴定操作：在锥形瓶中滴定时，用右手前三指拿住锥形瓶瓶颈，使瓶底离瓷板 2～3 cm。同时调节滴定管的高度，使滴定管的下端伸入瓶口约 1 cm。左手大拇指、中指及食指捏住活塞头慢慢旋转活塞，滴加溶液（图 1.10），右手运用腕力摇动锥形瓶，边滴加溶液边摇动。摇动时，应使溶液向同一方向做圆周运动

（左右旋转均可），但勿使瓶口接触滴定管，溶液也不得溅出，同时观察落点周围溶液颜色的变化。滴定时，左手不能离开活塞任溶液自流。应边摇边滴，滴定速度可稍快，但不能流成"水线"。接近终点时，应改为加一滴，摇几下。最后，每加半滴溶液就摇动锥形瓶，直至溶液出现明显的颜色变化。

（5）读数：装满或放出溶液后，必须等 1～2 min，使附着在内壁的溶液流下来，再进行读数。如果放出溶液的速度较慢（例如，滴定到最后阶段，每次只加半滴溶液时），等 0.5～1 min 即可读数。每次读数时滴定管要垂直放置，读数前要检查管壁是否挂水珠，管尖是否有气泡。必须读到小数点后第二位，即要求估计到 0.01 ml。注意，估计读数时，应该考虑刻度线本身的宽度。每次滴定操作所用液体体积为滴定终点时读数减去滴定开始时读数。

图 1.10　滴定操作示意图

2）碱式滴定管

左手握管，拇指在前，食指在后，其他三个手指辅助夹住出口管，用拇指和食指捏住玻璃珠所在的部位，向右挤橡皮管，使玻璃珠移至手心一侧，这样溶液即可从玻璃珠旁边的空隙流出。但是注意不要用力捏玻璃珠，也不要使玻璃珠上下移动，不要捏玻璃珠下面的橡皮管，以免空气进入而形成气泡，影响读数。操作过程中要边滴定边摇动锥形瓶，读数时视线应该与液面的凹液面最低处相切（与酸式滴定管读数相同）。

3. 注意事项

（1）使用时先检查是否漏液。
（2）用滴定管取液前必须洗涤、润洗。
（3）读数前要将管内的气泡赶尽，尖嘴内充满液体。
（4）读数需有两次，为减小误差第一次读数尽量调整液面在 0 刻度。
（5）读数时，视线、刻度、凹液面最低点应在同一水平线上。

（6）禁止用碱式滴定管装酸性或强氧化性溶液，以免腐蚀橡皮管。

（7）滴定结束后，滴定管内剩余的溶液应弃去，不得将其倒回原瓶，以免玷污整瓶操作溶液。

（8）也可采用酸碱两用滴定管（其活塞材质为聚四氟乙烯），具体使用方法见酸式滴定管的使用方法。

五、干燥器

1. 简介

干燥器一般有玻璃干燥器（图 1.11）和加热干燥器（图 1.12）。玻璃干燥器是具有宽边磨砂盖的密封容器，底座下半部为缩小的束腰，在束腰的内壁有一宽边，用以搁放瓷板。瓷板具有大小不同的孔洞，瓷板上面存放待干燥的物质，瓷板下部底座用以存放干燥剂。盖子为拱圆状，盖顶上有一只圆玻璃滴，作为手柄移动盖子使用。盖子和底座的宽边磨砂，能更好地相吻合，可以达到密闭的目的。

加热干燥器（烘箱）一般采用薄钢板制作，表面烤漆，工作室采用优质结构钢板制作，外壳与工作室之间填充硅酸铝纤维。加热干燥器利用热能加热物料，气化物料中的水分，形成的水蒸气可随空气逸出干燥器，从而达到脱除物料水分的目的。

图 1.11　玻璃干燥器

图 1.12　加热干燥器

2. 使用方法

1）玻璃干燥器

洗净擦干玻璃干燥器，按照需要在底座放入不同的干燥剂（一般用变色硅胶、浓硫酸或无水氯化钙等），然后放上瓷板，将待干燥的物质放在瓷板上（如果将较热的物质放入后要不时地移动平衡干燥器的盖子，让里面的空气放出，否则会由于空气受热膨胀把盖子顶起来）。再在玻璃干燥器宽边处涂一层凡士林油脂，将盖子盖好，沿水平方向摩擦几次，使油脂均匀，即可进行干燥。在打开玻璃干燥器盖子时，要一只手扶住玻璃干燥器底座，另一只手将干燥器盖子沿水平方向移动才能打开。

2）加热干燥器

接通电源，打开空气开关，按下按钮启动鼓风机，加热启动，然后设定温度、恒温时间，达到时间后切断加热电源，风机继续工作至设定的停机时间。

3. 注意事项

1）玻璃干燥器

（1）干燥剂不可放太多，以免玷污坩埚底部。

（2）搬移玻璃干燥器时，要用双手，用大拇指紧紧按住盖子。

（3）打开玻璃干燥器时，不能往上掀盖，应用左手按住玻璃干燥器底座，右手小心地把盖子稍微推开，等冷空气徐徐进入后，才能完全推开，盖子必须仰放在桌子上。

（4）不可将太热的物体放入玻璃干燥器中，有时将较热的物体放入玻璃干燥器后，空气受热膨胀会把盖子顶起来，为了防止盖子被打翻，应当用手按住，并不时把盖子稍微推开。

（5）灼烧或烘干后的坩埚和沉淀物不宜在干燥器内放置过久，否则会因吸收水分而使质量略有增加。

（6）变色硅胶干燥时为蓝色，受潮后变粉红色。可以在 120℃烘干受潮的硅胶，待其变蓝后反复使用，直至破碎不能用为止。

2）加热干燥器

（1）当一切准备工作就绪后方可将待干燥物放入加热干燥器内，然后连接并启动电源，红色指示灯亮表示箱内已加热。当温度达到所控温度时，红灯熄灭而绿灯亮，开始恒温。为了防止温控失灵，还需实时照看。

（2）放入待干燥物时应注意排列不能紧密，不可堆放于散热板上，以免影响气流向上流动。禁止干燥易燃、易爆、易挥发性及有腐蚀性的物品。

（3）有鼓风的加热干燥器，在加热和恒温的过程中必须将鼓风机开启，否则影响工作室温度的均匀性和损坏加热元件。

（4）需注意用电安全，根据加热干燥器的耗电功率，选择合适的电源闸刀。在工作完毕后应立即切断电源以确保安全，加热干燥器内外要保持干净，使用温度不可高于最大量程，干燥过程温度高易烫伤皮肤，需用辅助工具取放待干燥物。

六、常见玻璃器皿的洗涤

1. 常见的玻璃器皿

定量分析过程用到的玻璃器皿主要有容量瓶、移液管、量筒、滴定管、烧杯、离心管等。

2. 玻璃器皿的洗涤

（1）无明显油污或不太脏的器皿可以直接用自来水冲洗，或用洗洁精、洗衣粉水泡洗（滴定管加洗涤液前应关闭活塞，防止漏水），但是不能用去污粉刷洗，以免去污粉中的滑石成分划伤内壁，影响体积的正确测量。若有油污，洗洁精不能洗净，可用铬酸洗液浸泡，待洗液放出后，应用自来水冲洗，直到洗液被完全冲洗干净，再用纯净水淋洗 3 次，洗净后将器皿倒置，待水流出后，内壁应该没有水珠挂壁即可。

（2）当洗涤完毕后，一些器皿使用前还需要润洗，如滴定管、移液管。润洗的具体方法是往管内加入待测液至约 1/3 体积，然后倾斜管口并旋转，使管内的每一处位置都接触到待测液，然后把液体放掉，如此重复 2～3 次。

3. 注意事项

（1）用刷子上下刷洗器皿时，不可用力过大，以免划伤皮肤或损坏器皿。

（2）一些量程较小或者比较精密的器皿（如 2 ml 移液管）无法用刷子刷洗，可以用洗涤液浸洗。

（3）器皿使用完毕后应及时洗净。

第二节　水分析化学实验常用纯水

根据实验要求的不同，水分析化学实验对水质的纯度要求也不同。应根据不同的要求，采用不同的净化方法制得纯水。水分析化学实验用的纯水一般有蒸馏水、二次蒸馏水、去离子水、超纯水、无氨蒸馏水、无二氧化碳蒸馏水、无氯蒸馏水、无酚蒸馏水等。

一、纯水的规格

根据中华人民共和国国家标准《分析实验室用水规格和试验方法》（GB/T 6682—

2008）的规定，分析实验室用水分为三个级别：一级水、二级水和三级水。不同级别纯水的指标及应用领域见表 1.1 和表 1.2。

表 1.1　　不同级别纯水的指标

名称	一级	二级	三级
pH 范围（25℃）	—	—	5.0～7.5
电导率（25℃）/(mS/m)	≤0.01	≤0.10	≤0.50
可氧化物质（以 O 计）/(mg/L)	—	≤0.08	≤0.4
吸光度（254 nm，1 cm 光程）	≤0.001	≤0.01	—
蒸发残渣 [（105±2）℃]/(mg/L)	—	≤1.0	≤2.0
可溶性硅（以 SiO_2 计）/(mg/L)	≤0.01	≤0.02	—

注：1. 由于在一级水、二级水的纯度下，难以测定其真实的 pH，对一级水、二级水的 pH 范围不做规定；

2. 由于在一级水的纯度下，难以测定可氧化物质和蒸发残渣，对其限量不做规定，可用其他条件和制备方法来保证一级水的质量；

3. 可溶性硅是指水中微量硅酸根或硅酸形成的溶胶，三级水中不做规定

表 1.2　　不同级别纯水的应用领域

应用领域	纯水级别
高效液相色谱（HPLC） 气相色谱（GC） 原子吸收（AA） 电感耦合等离子体光谱（ICP） 电感耦合等离子体质谱（ICP-MS） 分子生物学实验和细胞培养等	一级水
制备常用试剂溶液 制备缓冲溶液	二级水
冲洗玻璃器皿 水浴用水	三级水

二、纯水的制备

1. 蒸馏水

将自来水在蒸发装置上加热汽化，然后将水蒸气冷凝即可得到蒸馏水。由于杂质一般不挥发，所以蒸馏水中所含杂质比自来水少得多，比较纯净，可达到三级水的标准，但还是有少量的金属离子、二氧化碳等杂质。

2. 二次蒸馏水

为了获得比较纯净的蒸馏水，可以进行二次蒸馏，并在准备二次蒸馏的蒸馏水中加入适当的试剂以抑制某些杂质的挥发。如加入甘露醇能抑制硼的挥发，加入碱性高锰酸钾可破坏有机物，并防止二氧化碳蒸出。二次蒸馏水一般可达到二级水的标准。二次蒸馏通常采用石英亚沸蒸馏器，其特点是在液面上方加热，使液面始终处于亚沸状态，可使水蒸气带出的杂质减至最低。

3. 去离子水

去离子水是使自来水或普通蒸馏水通过离子交换树脂柱后所得的纯水。制备时，一般将水依次通过阳离子交换树脂柱、阴离子交换树脂柱和阴阳离子交换树脂柱。这样得到的水纯度高，质量可达到二级水或一级水标准，但对非电解质及胶体物质无效，同时会有微量的有机物从树脂柱溶出，因此，根据需要可将去离子水进行二次重蒸馏以得到高纯水。

4. 超纯水

超纯水是经蒸馏、去离子化、反渗透技术或其他适当的超临界精细技术生产出来的水，其电阻率大于 18 MΩ·cm，或接近 18.3 MΩ·cm 极限值（25℃）。这种水中除了水分子外，几乎没有杂质。

5. 特殊用水

无氨蒸馏水：每升蒸馏水中加 2 ml 浓硫酸，再二次蒸馏，即得无氨蒸馏水。

无二氧化碳蒸馏水：煮沸蒸馏水，直至煮去原体积的 1/4 或 1/5，隔离空气，冷却即得。此水应储存于连接碱石灰吸收管的瓶中，其 pH 应为 7。

无氯蒸馏水：加入亚硫酸钠等还原剂将水中的余氯还原为氯离子，用附有缓冲球的全玻璃蒸馏器进行蒸馏。

无酚蒸馏水的制备：于每升水中加入 0.2 g 经 200℃ 活化 30 min 的活性炭粉末（以除去蒸馏水中痕量的酚类及其他有机化合物），充分振摇后，放置过夜，用双层中速滤纸过滤。或加氢氧化钠使水呈强碱性，并滴加高锰酸钾溶液至紫红色，移入全玻璃蒸馏器中加热蒸馏，集取馏出液供用。无酚蒸馏水应储存于玻璃瓶中，取用时，应避免与橡胶制品（橡皮塞或乳胶管等）接触。

不含有机物的水：将碱性高锰酸钾溶液加入水中二次蒸馏，在二次蒸馏的过程中应始终保持水中高锰酸钾的紫红色不得消退，否则应及时补加高锰酸钾。

三、纯水的检验

纯水的检验方法有很多，分为物理方法和化学方法两类，主要项目如下。

1. 氯离子的检验

取水样 20 ml 于试管中，加硝酸溶液（1∶3）1 滴酸化，再加 0.1 mol/L 硝酸银溶液 1～2 滴，摇匀并目视有无白色乳状现象，如无色透明，说明水中无氯离子；如有白色乳状沉淀，说明水中有氯离子存在。

2. 硫酸根的检验

取水样 30 ml，加入 2 mol/L 盐酸溶液 2～3 滴酸化，再加入加 0.1%氯化钡溶液 1 滴，放置 15 h，如有沉淀析出，说明有硫酸根存在。

3. 钙离子的检验

取水样 30 ml，加少许氨水，调节 pH 为碱性，再加入饱和草酸铵溶液，放置 12 h 后，如有沉淀析出，说明有钙离子存在。

4. 硅酸盐的检验

纯水中的硅含量不得大于 0.05 mg/L。取水样 30 ml，加（1＋3）硝酸溶液 5 ml 和 5%钼酸铵溶液 5 ml，在室温下放置 5 min 或水浴上放置 30 s，加 10%亚硫酸钠溶液 5 ml，目视是否有蓝色，如有蓝色，说明水中有硅酸盐存在。

5. 铵离子的检验

取 50 ml 水，加入 2 ml 纳氏试剂，置于白纸上，自上透视溶液为无色或稍微带黄色，说明水中无铵离子存在；如果有明显黄色或棕红色，说明水中含有铵离子。

6. 铁离子和亚铁离子的检验

取 10 ml 水，加入 5 ml 10%的磺基水杨酸溶液和（1∶3）的氨水 5 ml，若无铁离子和亚铁离子存在，水样应不显黄色。

7. 镁离子的检验

取水样适量，加一滴 0.1%的靛靶黄和数滴 6 mol/L 的氢氧化钠溶液，若水样呈现淡红色，说明有镁离子存在。

8. 重金属盐的检验

取水样 30 ml，加乙酸盐缓冲溶液（pH = 3.5）2 ml 与硫代乙酰胺试剂 2 ml，摇匀，放置 2 min。与标准铅溶液 2 ml（加水 28 ml）用同一方法处理后的颜色比较。其颜色不得更深。

9. 二氧化碳的检验

二氧化碳的检验可选用以下两种方法之一。

（1）取水样 30 ml，置于磨口塞三角烧瓶中，加氢氧化钙溶液 25 ml，塞紧、摇匀，再静置 1 h，不得有浑浊。

（2）取水样 100 ml，加入 0.1%酚酞溶液 3～4 滴，若水样呈微红色，说明水中无二氧化碳存在；若为无色，说明水中有二氧化碳存在。

10. pH 的检验

纯水的 pH 为 6.5～7.0，小于此数值时，表明水中溶解有较多的二氧化碳；大于此值一般是由碳酸氢根离子含量较高所致。检验方法：取水样 10 ml，加入 0.2%甲基红溶液（变色范围：pH = 4.4～6.2）2 滴，不得显红色；另取水样 10 ml，加 0.2%溴百里酚蓝溶液（变色范围：pH = 7.6～9.6）5 滴，不得出现蓝色，否则即为不合格。用 pH 计测定最为可靠，也可用精密 pH 试纸进行检验。

11. 电导率的检验

水的纯度通常用水的电阻率或电导率来间接表示，这是因为含有杂质的水往往会引起水的导电性增加。根据水质越纯，各种离子越少，电阻越大的原理，可用电导率仪或水质纯度仪检查水质。25℃时，电导率为 0.1～5.0 μS/cm 的水称为纯水，电导率小于 0.1 μS/cm 的水称为高纯水。高纯水应储存在石英或聚乙烯塑料容器中。

第三节　化学试剂的规格及取用

一、试剂的规格

化学试剂的纯度较高，根据纯度及杂质含量的多少，可将其分为以下几个等级。

1. 优级纯试剂

优级纯试剂亦称保证试剂，为一级品，纯度高，杂质极少，主要用于精密分析和科学研究，常以 GR 表示，标签颜色为绿色。

2. 分析纯试剂

分析纯试剂亦称分析试剂，为二级品，纯度略低于优级纯，杂质含量略高于优级纯，适用于重要分析和一般性研究工作，常以 AR 表示，标签颜色为红色。

3. 化学纯试剂

化学纯试剂为三级品，纯度较分析纯差，但高于实验试剂，适用于工厂、学校的一般性分析工作，常以 CP 表示，标签颜色为蓝色。

4. 实验试剂

实验试剂为四级品，纯度比化学纯差，但比工业品纯度高，主要用于一般化学实验，不能用于分析工作，常以 LR 表示，标签颜色为黄色。

以上按试剂纯度的分类法已在我国通用。除上述化学试剂外，还有许多特殊规格的试剂，如指示剂、基准试剂、当量试剂、光谱纯试剂、生化试剂、生物染色剂、色谱用试剂及高纯工艺用试剂等。

二、试剂的取用

1. 固体试剂的取用

固体试剂一般都用药匙取用。药匙两端分别为大小两个匙，取大量固体时用大匙，取少量固体时用小匙。取用的固体要加入小试管时，也必须用小匙。必须保持使用的药匙干燥而洁净，且专匙专用，不能混用。试剂取用后应立即将瓶塞盖严，并放回原处。要求称取一定质量的固体试剂时，可把固体放在干净的称量纸或表面皿上，具有腐蚀性或易潮解的固体不能放在称量纸上，而应放在玻璃容器（小烧杯、表面皿、称量瓶等）内进行称量，再根据精确度的要求在台秤或分析天平上进行称量。

2. 液体试剂的取用

从平顶瓶塞试剂瓶取用试剂时，取下瓶塞并把它仰放在桌上，用左手的拇指、食指和中指拿住容器（如试管、量筒等）。用右手拿起试剂瓶，注意使试剂瓶上的标签对着手心，慢慢倒出所需要量的试剂。倒完后，应该将试剂瓶口在容器上靠一下，再使瓶子竖直，这样可以避免遗留在瓶口的试剂从瓶口流到试剂瓶的外壁。必须注意倒完试剂后，瓶塞须立刻盖在原试剂瓶上，把试剂瓶放回原处，并使瓶上的标签朝外。

从滴瓶中取用少量试剂时，先提起滴管，使管口离开液面，用手指捏紧滴管上部的橡皮头，以赶出滴管中的空气。然后把滴管伸入试剂瓶中，放开手指，吸入试剂，再提起滴管，将试剂滴入试管或烧杯中。

要准确量取溶液，则根据准确度和量的要求，可选用移液管、量筒、烧杯或滴定管。

3. 注意事项

所有试剂、溶液及样品的包装瓶上必须有标签。标签要完整、清晰，标明试剂的名称、规格。溶液除了标明名称外，还应标明浓度、配制日期等。万一标签脱落，应照原样贴牢，绝对不允许在容器内装入与标签不相符的物品。无标签的试剂必须取小样检定后才能使用，不能使用的化学试剂要慎重处理，不能随意乱倒。

为了保证试剂不受污染，应当用干净的牛角勺或不锈钢小勺从试剂瓶中取出试剂，绝不可用手抓取。若试剂结块，可用洁净的玻璃棒或瓷药匙将其捣碎后取出。液体试剂可用洗干净的量筒倒取，不要用吸管伸入原瓶试剂中吸取液体。从试剂瓶内取出的没有用完的剩余试剂不可倒回原瓶。打开瓶盖（塞）后，瓶盖（塞）不能随便放置，以免被其他物质玷污，影响原瓶试剂质量。取出试剂应立即将瓶盖（塞）盖好，以免试剂吸潮、玷污和变质。

打开易挥发的试剂瓶塞时，不可把瓶口对准自己的脸部或对着别人。不可用鼻子对准试剂瓶口猛吸气。如果需嗅试剂的气味，可将瓶口远离鼻子，用手在试剂上方扇动，使气流吹向自己而闻出其味。化学试剂绝不可用舌头品尝。

三、试剂的保存

试剂保存不当，会变质失效，造成浪费，甚至还会引起事故，因此，正确保存试剂非常重要。一般的化学试剂应保存在通风良好、干净、干燥的房子里，以防止水分、灰尘和其他物质的污染。同时，应根据试剂的不同性质而采取不同的保管方法。

（1）容易侵蚀玻璃而影响试剂纯度的试剂如氢氟酸、含氟盐（氟化钾、氟化钠、氟化铵）和苛性碱（氢氧化钾、氢氧化钠）等应保存在聚乙烯塑料瓶或涂有石蜡的玻璃瓶中。

（2）见光会逐渐分解的试剂（如过氧化氢、硝酸银、焦性没食子酸、高锰酸钾、草酸、铋酸钠等）、与空气接触易逐渐被氧化的试剂（如氯化亚锡、硫酸亚铁、硫代硫酸钠、亚硫酸等）及易挥发的试剂（如溴、氨水及乙醇等），应放在棕色瓶内置冷暗处。

（3）吸水性强的试剂如无水碳酸盐、苛性钠、过氧化钠等应严格密封（应该蜡封）。

（4）相互易作用的试剂如挥发性的酸与氨、氧化剂与还原剂应分开存放。易燃的试剂（如乙醇、乙醚、苯、丙酮）与易爆炸的试剂（如高氯酸、过氧化氢、硝基化合物），应分开储存在阴凉通风、不受阳光直射的地方。

（5）剧毒试剂如氰化钾、氰化钠、氢氟酸、氯化汞、三氧化二砷（砒霜）等，应特别注意由专人妥善保管，严格做好记录，经一定手续取用，以免发生事故。

第四节　水样的采集和保存

一、水样类型

1. 瞬时水样

瞬时水样是指在某一时间和地点从水体中随机采集的分散水样。当水体水质稳定，或其组分在相当长的时间或相当大的空间范围内变化不大时，瞬时水样具有很好的代表性；当水体组分及含量随时间和空间变化时，就应隔时、多点采集瞬时水样，分别进行分析，摸清水质的变化规律。

2. 混合水样

在同一采样点于不同时间所采集的瞬时水样的混合水样，有时称"时间混合水样"，以与其他混合水样相区别。这种水样在观察平均浓度时非常有用，但不适用于被测组分在储存过程中发生明显变化的水样。

如果水的流量随时间变化，必须采集流量比例混合水样，即在不同时间依照流量大小按比例采集混合水样。可使用专用流量比例采样器采集这种水样。

3. 综合水样

将不同采样点同时采集的各个瞬时水样混合后所得到的样品称为综合水样。这种水样在某些情况下更具有实际意义。例如，当为几条排污河、渠建立综合处理厂时，以综合水样取得的水质参数作为设计的依据更为合理。

二、布点方法

1. 采样断面布设

采样断面布设方法分为断面布设法和多断面布设法。对于江河水系，应在污染源的上、中、下游布设 3 个采样断面；其中，上游断面为对照、清洁断面；中游断面为检测断面（或称污染断面）；下游断面为结果断面（或称削减断面）。对于湖泊、水库，应在入口和出口布设两个检测断面。对于城市或大工业区的取水口上游，可布设 1 个检测断面。

2. 采样点布设

（1）河流：在每个采样断面上，可根据分析测定的目的、水面宽度和水流情况，沿河宽方向布设 1～5 条采样垂线，再在河深方向布设一个或若干个采样点。一般采样点布设在水下 0.2～0.5 m 处。还可根据需要，在平面采样点的垂线上分别采集表面水样（水面下 0.5～1 m）、深水水样（距底质以上 0.5～1 m）和中层水样（表层和深层采样点之间的中心位置处）3 个点。

（2）地下水：布点通常与抽水点相一致。如做污染调查时，应尽量利用现有的钻孔进行布点，特殊需要时另行布点。

（3）废水：工业废水采样应在总排放口、车间或工段的排放口布点。生活污水采样点应在排出口，如考虑废水或污水处理设备的处理效果，应在进水口和出水口处布点。

（4）湖泊、水库：在进出湖泊、水库的河流汇合处设置检测断面布点；也可以各功能区（如城市和工厂的排污口、饮用水源、风景游览区、排灌站等）为中心，在其辐射线上布点，即弧形监测布点法；或在湖库中心，深、浅水区，滞流区，不同鱼类的回游产卵区，水生生物经济区布点；还可以划分若干方块，在每个方块内布点。

（5）给水管网：采样应在出水口、用户龙头或污染物有可能进入管网的地方布点。

三、水样的采集

1. 采样前的准备

采样前，要根据监测项目的性质和采样方法的要求，选择适宜材质的盛水容器和采样器，并清洗干净。此外，还需准备好交通工具。交通工具常使用船只。

对采样器的材质要求化学性能稳定、大小和形状适宜、不吸附欲测组分、容易清洗并可反复使用。

2. 采样方法

采集水样前，应用水样冲洗采样瓶 2～3 次，采集水样时，水面距瓶塞大于 2 cm。

采集自来水或只有抽水机设备的井水时，应先放水数分钟，使保留在水管中的杂质洗出去，然后再采集。

无抽水设备的井水，可用采水瓶直接采样，或将水桶冲洗干净后采水样，再将水桶中水样装入瓶中。

采集江河湖泊或海洋表面水样时，将采水瓶浸入水面下 20～50 cm 并距岸边的距离为 1～2 m 处。

采集污染源调查水样时，要考虑整个流域布点采样，特别是生活污水和工业废水的入河总排放口。

3. 注意事项

（1）采样时不要摇动水底部的沉降物。

（2）采样时应保证采样点的位置准确，必要时使用定位仪定位。

（3）认真填写"水质采样记录表"，用签字笔或者硬质铅笔在现场进行记录。

（4）保证采样按时、准确、安全。

（5）采样结束前，应核对采样计划、记录和水样，如有错误或遗漏，应立即补采或重采。

（6）如采样现场水体很不均匀，无法采到具有代表性的样品，应详细记录不均匀情况和实际采样情况，供使用该数据者参考，并将该现场情况向环境保护行政主管部门反映。

（7）测定油类的水样，应在水面至水面下 300 mm 采集柱状水样，并单独采样，全部用于测定。采样瓶不能用采集的水样冲洗。

（8）测定溶解氧（DO）、生化需氧量（BOD）和有机污染物等项目的水样时，必须注满容器，不留空间，并用水封口。

（9）如果水样中含有沉降性固体，则应先进行分离除去。分离方法为：将所采集的水样摇匀后倒入筒型玻璃容器（如 1～2 L 量筒），静置 30 min，将已不含沉降性固体但含有悬浮性固体的水样移入盛样容器，并加入保存剂。测定总悬浮物和油类水样除外。

（10）测定湖库水化学需氧量（COD）、高锰酸盐指数、叶绿素 a、总氮（TN）、总磷（TP）的水样时，在静置 30 min 后，用吸管一次或几次移取水样，吸管进水尖嘴应插至水样表层 50 mm 以下位置，再加入保存剂保存。

（11）测定油类、五日生化需氧量（BOD₅）、DO、硫化物、余氯、粪大肠菌群、悬浮物、放射性等项目要单独采样。

四、采样量

不同指标需要采集的水样量和采样要求具体见表 1.3。在实际采样过程，还可根据最新监测标准方法的规定要求，调整固定剂和采样体积等。

表 1.3　不同指标需要采集的水样量和采样要求

序号	监测项目	保存条件	可保存时间	采样体积/mL	容器①	备注
1	色度	—	12 h	250	G、P	尽量现场测定
2	pH	—	12 h	250	G、P	尽量现场测定
3	电导率	—	12 h	250	G、P	尽量现场测定
4	悬浮物	1~5℃暗处	14 d	500	G、P	应尽快测定
5	碱度	1~5℃暗处	12 h	500	G、P	—
6	酸度	1~5℃暗处	30 d	500	G、P	—
7	COD	加硫酸至 pH≤2	2 d	500	G	—
8	高锰酸盐指数	1~5℃暗处	2 d	500	G	—
9	溶解氧	加 MnSO₄和碱性 KI 叠氮化钠溶现场固定	24 h	250	G	应尽快测定最好现场测定
10	BOD₅	1~5℃暗处	12 h	250	G	—
11	氟化物	—	30 d	200	P	—
12	氯化物	—	30 d	100	G、P	—
13	硫酸盐	1~5℃冷藏	30 d	200	G、P	—
14	溶解磷酸盐	1~5℃冷藏	30 d	250	G、P	—
15	总磷	硫酸或盐酸酸化 pH≤2	24 h	250	G、P	—
16	氨氮	硫酸 pH≤2	24 h	250	G、P	—
17	亚硝酸盐氮	1~5℃冷藏避光	24 h	250	G、P	—
18	硝酸盐氮	硫酸 pH≤2，2~5℃	24 h	250	G、P	—
19	总氮	硫酸酸化，pH=1~2	7 d	250	G、P	—
20	硫化物	水样充满容器，1 L 水样加 NaOH 至 pH=9，加入 5%抗坏血酸 5 ml 和饱和 EDTA 3 ml，滴加饱和 Zn(Ac)₂，至胶体产生，常温避光	24 h	250	G、P	现场固定
21	氰化物	加 NaOH 至 pH≥9	12 h	250	G、P	现场固定
22	硼	1 L 水样中加浓硝酸 10 ml	14 d	250	P	—
23	六价铬	氢氧化钠 pH=8~9	14 d	250	G、P	—

续表

序号	监测项目	保存条件	可保存时间	采样体积/mL	容器①	备注
24	锰、铁、铜、锌	1 L 水样中加浓硝酸 10 ml	14 d	250	G、P	—
25	铅	硝酸 1%，若水样为中性，1 L 水样中加浓硝酸 10 ml	14 d	250	G、P	—
26	砷	1 L 水样中加浓硝酸 10 ml（DDTC 法，HCl 2 ml）	14 d	250	G、P	—
27	阴离子表面活性剂	1~5℃冷藏，用硫酸酸化，pH = 1~2	2 d	500	G 甲醇清洗	—
28	细菌总数	1~5℃冷藏	尽快	250	G 灭菌	—
29	粪大肠菌群	1~5℃冷藏	尽快	250	G 灭菌	—

注：G 表示硬质玻璃容器，P 表示聚乙烯塑料容器

五、水样的保存

1. 水样的保存要求

水样需注意在保存过程中要减缓化学反应速度，防止组分的分解和沉淀产生；减缓化合物或配位化合物的水解、离解及氧化还原作用；减少组分的挥发和吸附损失；抑制微生物作用等几个方面。

2. 导致水质变化的因素

水样采集后，应尽快送到实验室进行分析。样品久放，受到下列因素的影响，某些组分的浓度可能会发生变化。

1）生物因素

微生物（细菌、藻类和其他生物）的代谢活动，可改变许多被监测物的化学形态，从而可影响许多测定指标的浓度，主要反映在 pH、溶解氧、BOD、二氧化碳、碱度、硬度、磷酸盐、硫酸盐、硝酸盐和某些有机化合物的浓度变化上。

2）化学因素

测定组分可能被氧化或还原，如一些金属盐的价态变化，在酸性条件下六价铬容易被还原成三价铬；一些金属盐的形态变化，如铁、锰，可导致某些沉淀与溶解；聚合物产生或解聚作用的发生。这些都能导致测定结果与水样实际情况不符。

3）物理因素

测定组分被吸附在容器壁上或悬浮颗粒的表面上，如溶解的金属或胶体状的金属、某些有机化合物及某些易挥发组分的挥发损失。

3. 水样的保存方法

1）冷藏或冷冻

将水样在 4℃冷藏或迅速冷冻，储存于暗处，可抑制生物的活动，减缓物理挥发作用和化学反应速度。冷藏是短期内保存样品的一种较好的方法，对测定基本没有影响。但是需要注意，冷藏保存也不要超过规定的保存期限，冷藏温度须控制在 4℃左右。对短期内不能处理的样品要冷冻保存，但要注意防止结冰爆裂或样品瓶瓶盖被顶开，以免玷污样品。

2）加入化学保存剂

①控制溶液 pH：测定金属离子的水样常用硝酸酸化至 pH = 1～2，这样既可以防止金属离子的水解沉淀，又可以防止金属离子在器壁表面上的吸附。同时 pH = 1～2 的酸性介质可以抑制微生物的活动。用硝酸酸化的方法保存，大多数金属离子可以稳定数周甚至数月。测定氰化物的水样需要加氢氧化钠调至 pH ≥9。测定六价铬的水样应加氢氧化钠调至 pH = 8～9。保存总铬的水样，应加硝酸或硫酸至 pH = 1～2。

②加入抑制剂：为了抑制生物的作用，可在水样中加入抑制剂。如在测定氨氮、硝酸盐氮和 COD 时，加入氯化汞或三氯甲烷、甲苯作为防护剂来抑制生物对亚硝酸、硝酸盐、铵盐的氧化还原作用。在测含酚的水样时，用磷酸调节水样的 pH，加入硫酸铜以控制苯酚分解菌的活动。

③加入氧化剂：水样中痕量汞易被还原，从而使汞挥发性损失，加入硝酸-重铬酸钾溶液可使汞维持在高氧化态，汞的稳定性大为改善。

④加入还原剂：测定硫化物的水样时，加入抗坏血酸对保存有利。含余氯的水样能氧化氰离子，可使酚类、烃类、苯系物氯化生成相应的衍生物，因此在采样时应加入适量的硫代硫酸钠予以还原，以除去余氯的干扰。

水样保存剂（酸、碱或其他试剂）在采样前应进行空白试验，其纯度和等级必须达到分析的要求。

水样（测部分指标用）的保存方法如表 1.4 所示。

表 1.4　水样（测部分指标用）的保存方法

测试项目	保存方法
pH	最好现场测定，否则应在采样后将水样保存在 0～4℃容器内，并在采样后 6 h 之内进行测定
溶解氧	水样采集于碘量瓶中，样品应立即固定，并水封保存

续表

测试项目	保存方法
高锰酸盐指数	水样在采集后加入硫酸（1＋3，1.84 g/ml H_2SO_4），使 pH＝1～2，并尽快分析。如保存时间超过 6 h，则需置于暗处，0～5℃下保存不得超过 2 d
COD	水样在采集后用硫酸将 pH 调到 2 以下，以抑制微生物活动。水样应尽快分析，必要时应在 4℃冷藏保存，并在 48 h 内测定
BOD_5	采集的水样应充满并密封于瓶中，在 0～4℃下进行保存，一般在 6 h 内进行分析，储存时间不应超过 24 h
挥发酚	在水样采集现场，应监测有无游离氯等氧化剂的存在。如有发现，则应及时加入过量的硫酸亚铁去除，水样应储存于硬质玻璃容器中。采集后水样应及时加磷酸酸化至 pH≈4.0，并加适量硫酸铜以抑制微生物对酚类的生物氧化作用，同时应将水样冷藏（5～10℃），在采集后 24 h 内测定
TN	水样在采集后应立即放入冰箱中或在低于 4℃的条件下保存，但不得超过 24 h。水样放置时间较长时，可在 1000 ml 水样中加入约 0.5 ml 浓硫酸，酸化到 pH＜2，并尽快测定
TP	采集 500 ml 水样后，加入 1 ml 浓硫酸调节样品的 pH，使 pH≤1，或不加任何试剂于冷处保存。注：含磷量较少的水样，不要用塑料瓶采样，因磷酸盐易吸附在塑料瓶壁上

拓展学习：采样器类型及选择

（1）采集表层水时，可用桶、瓶等容器直接采集。一般将其沉至水面下 0.3～0.5 m 处采集。

（2）采集深层水时，可用带重锤的采样器沉入水中采集。将采样容器沉降至所需深度（可从绳上的标度看出），上提细绳，打开瓶塞，待水样充满容器后提出，深水采样器如图 1.13（a）所示。

（3）对于水流急的河段，宜采用急流采样器。它是将一根长钢管固定在铁框上，管内装一根橡皮管，其上部用夹子夹紧，下部与瓶塞上的短玻璃管相连，瓶塞上另有一长玻璃管通至采样瓶底部。采样前塞紧橡皮塞，然后沿船身垂直伸入要求的水深处，打开上部橡皮管夹，水样即沿长玻璃管流入样品瓶中，瓶内空气由短玻璃管沿橡皮管排出。这样采集的水样也可用于测定水中的溶解性气体，因为它是与空气隔绝的。急流采样器如图 1.13（b）所示。

（4）测定溶解气体（如溶解氧）的水样，常用双瓶采样器采集。将采样器沉入要求水深处后，打开上部的橡皮管夹，水样进入小瓶（采样瓶）并将空气驱入大瓶，从连接大瓶短玻璃管的橡皮管排出，直到大瓶中充满水样，提出水面后迅速密封。溶解氧采样器如图 1.13（c）所示。

此外，还有多种结构较复杂的采样器，如电动采样器、自动采样器、连续自动定时采样器等，如图 1.13（d）～（f）所示。

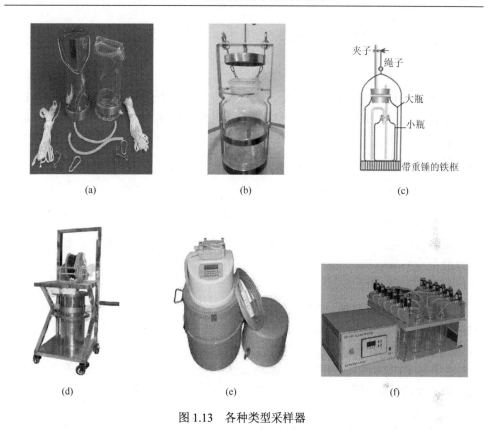

夹子
绳子
大瓶
小瓶
带重锤的铁框

(a)　　　　(b)　　　　(c)

(d)　　　　(e)　　　　(f)

图1.13　各种类型采样器

第五节　实验数据的处理

一、有效数字

具体地说，有效数字是指在分析工作中能够实际测量的数字，包括最后一位估读的数字。我们把通过直读获得的准确数字叫作可靠数字，把通过估读得到的那部分数字叫作可疑数字，把测量结果中能够反映被测量大小的带有一位可疑数字的全部数字叫有效数字；如测得物体的长度 5.15 cm 为三位有效数字。数据记录时，记录的数据和实验结果真值一致的数据位数便是有效数字。另外在数学中，有效数字是指在一个数中，从该数的第一个非零数字起，直到末尾数字止的数字称为有效数字，如 0.618 的有效数字有三个，分别是 6、1、8。

在化学实验中，经常需要对某些物理量进行测量，并根据测得的数据进行计算。有效数字保留的位数需要根据操作者所用的分析方法和测量仪器的精密度来决定。例如，托盘天平的有效数字要保留至小数点后 2 位，分析天平要保留至小数点后 4 位。

有效数字是可靠数字和可疑数字的总称，其使用规则如下。

1. 修约规则

各测量值的有效数字位数确定后，就要将它后面多余的数字舍弃，舍弃多余数字的过程，叫作数字修约，所遵循的规则叫作"数字修约规则"，其口诀为："四要舍，六要入，五后有数要进位，五后（包括零）看前方，前方奇数就进位，前方偶数全舍光。"

2. 运算规则（先修约后运算）

1）加减运算

以各项中绝对误差最大的数为准，和或差只保留一位可疑数字，即与小数点后位数最少的数取得一致。

2）乘除法

以相对误差最大的数为准，积或商只保留一位可疑数字，即按有效数字位数最少的数进行修约和计算。

3）乘方或开方运算

原数据有几位有效数字，结果就可保留几位，若一个数的乘方或开方结果还将参加其他运算，则乘方或开方的结果可多保留一位有效数字。

4）对数运算

在对数运算中，所取对数的有效数字位数应与真值的有效数字位数相同。

二、误差与偏差

1. 真值与误差

物理量在客观上有着确定的数值，称为该物理量的真值。由于实验理论的近似性、实验仪器灵敏度和分辨能力的局限性、环境的不稳定性等因素的影响，待测量的真值是不可能测得的，测量结果 X 和真值 X_T 之间总有一定的差异，我们称这种差异为测量误差，测量误差的大小反映了测量结果的准确程度，误差越小，准确度越高。测量误差可以用绝对误差表示，也可以用相对误差表示。

$$绝对误差(E)=测量值(X)-真值(X_T) \tag{1.1}$$

$$相对误差(E_r)=\frac{绝对误差(E)}{真值(X_T)}\times100\% \tag{1.2}$$

测量所得的一切数据，都包含着一定的误差，因此误差存在于一切科学实验的过程中，并会因主观因素的影响、客观条件的干扰、实验技术及人们认识程度的不同而不同。

2. 误差的分类

1）系统误差

系统误差又叫可测误差，是由某些经常性的原因引起的误差，使测定结果系统偏高或偏低。其大小、正负也有一定规律，具有重复性和可测性的特点。在水质分析过程中，系统误差包括方法误差、仪器和试剂误差、操作误差 3 个方面。

方法误差：由于某一分析方法本身不够完善或有缺陷而造成的误差，如滴定反应不完全、干扰离子影响、重量分析中的沉淀溶解等。

仪器和试剂误差：由于本身不够精确和试剂或蒸馏水不纯造成的误差，如砝码质量不准、滴定管刻度不准、试剂中有被测物等。

操作误差：由于操作人员一些生理上或习惯上的原因造成的误差，如滴定终点颜色判别的差异、读数偏高或偏低等。

多次测量并不能减少系统误差。系统误差的消除或减少是实验技能问题，应尽可能采取各种措施将其降低到最低程度。例如，对仪器进行校正，提纯试剂，改变实验方法或在计算公式中列入一些修正项以消除某些因素对实验结果的影响，纠正不良的实验习惯等。系统误差可以用空白试验进行扣除。

2）随机误差

随机误差也称为偶然误差，是由人的感官灵敏程度和仪器精密程度有限、周围环境的干扰及一些偶然因素的影响产生的。如水温、气压的微小波动，仪器的微小变化，滴定管最后一位读数的不确定性等一些不可避免的偶然因素使分析结果产生波动。随机误差的大小、正负无法测量，也不能加以校正，所以随机误差也叫不可测误差。由于随机误差的变化不能预先确定，所以对待随机误差不能像对待系统误差那样找出原因排除，只能作出估算。

虽然随机误差的存在使每次测量值偏大或偏小，但是，当在相同的实验条件下，对被测量进行多次测量时，其大小的分布却服从一定的统计规律，可以利用这种规律对实验结果的随机误差作出估算。这就是在实验中往往要对某些关键量进行多次测量的原因。

3）过失误差

凡是测量时客观条件不能合理解释的那些突出的误差，均可称为过失误差，是由分析人员主观上责任心不强、粗心大意或违反操作规程等原因造成的误差。例如，水样的丢失或玷污、读数记录或计算错误等，它会明显地歪曲客观现象，这一般不应称为测量误差，在数据处理中应将其作为坏值，予以剔除。分析人员只要有严谨的科学作风、细致的工作态度和强烈的责任感，它是可以避免的，也是应该避免的。所以，在做误差分析时，要估算的误差通常只有系统误差和随机误差。

3. 偏差

偏差是个别测定结果 X 与平均值 $\bar{X}$ 之间的差值，表示测定结果与平均值接近的程度，反映精密度大小，偏差越小，精密度越高（不可用偏差之和来判断精密度，一般用平均偏差或标准偏差来判断），偏差包括：绝对偏差 d_i、平均绝对偏差 $\bar{d}$、相对平均偏差 d_p，其中，

$$绝对偏差：\quad d_i = X - \bar{X} \tag{1.3}$$

平均绝对偏差是对各测量值偏差的绝对值求平均，即

$$平均绝对偏差：\quad \bar{d} = \frac{|d_1| + |d_2| + \cdots + |d_n|}{n} \tag{1.4}$$

平均绝对偏差 $\bar{d}$ 表示在一组多次测量中各个数据之间的分散程度，当测量次数趋于无限大时，平均绝对偏差就表示平均绝对误差。

平均绝对偏差 $\bar{d}$ 的可靠性较差，当 n 较大时才可靠，但计算较简单，广泛用于一般实验之中。

$$相对平均偏差：\quad d_p = \frac{\bar{d}}{\bar{X}} \times 100\% \tag{1.5}$$

对于初学者来说，主要应树立误差的概念，以及对实验数据的好坏做出粗略的判断，因此，我们在化学实验中可以用平均绝对偏差计算多次测量结果的随机误差，但我们提倡采用标准偏差。

有限次测量标准偏差 S_r 和整体（呈正态分布）的标准偏差 σ 分别为

$$S_r = \sqrt{\frac{\sum_{i=1}^{n} (x_i - \bar{x})^2}{n-1}} \tag{1.6}$$

$$\sigma = \sqrt{\frac{\sum_{i=1}^{n} (x_i - \mu)^2}{n}} \tag{1.7}$$

三、极端值（异常值）取舍

在实验数据中，常可见到一群数据中出现极少数过大或过小的数据。这些过大或过小的数据在统计学上被称为极端值，它是在一组数据中与平均值相差很大的数值（也叫可疑值）。例如，在 22.34、20.25、20.30、20.33 中，显然 22.34 偏离其他测量值较远。因此，对于极端值的取舍应持慎重的态度，从理论上讲一个数值也不应舍弃。如果一个实验中明显知道有过失错误，测量结果就应舍掉。但

如果找不到原因，一般参照 $4\bar{d}$ 检验法、Q 检验法、科克伦（Cochran）最大方差检验法等进行检验。

在一些尚无统一正常值的分析项目中及进行两组分析资料的对比时（实验组和对照组），尤其需要鉴别极端值产生的原因而做出正确的取舍决定，因为这些数据虽然只是个别现象，但是引入统计分析就可能使该组的平均值和标准差拉大，从而影响对分析结果的判断，甚至造成错误结论。

总之，对于分析结果即测量值的取舍绝不能随心所欲，更不能"有用者取，无用者弃"，不然就不是一个实事求是的科学工作者，每一个分析工作者必须养成良好的工作态度和科学作风。

四、显著性检验

显著性检验（significance test）就是事先对总体（随机变量）的参数或总体分布形式做出一个假设，然后利用样本信息来判断这个假设是否合理，即判断总体的真实情况与原假设是否有显著性差异。常用的有 t 检验、f 检验和卡方检验，这里介绍 t 检验和 f 检验。

1. t 检验

t 检验亦称学生 t 检验（student's t-test），是按 t 分布进行的假设测验。主要用于样本含量较小（如 $n<30$）、总体标准差 σ 未知的正态分布。t 检验是用 t 分布理论来推论差异发生的概率，从而比较两个平均数的差异是否显著。

t 检验是检验测定结果的平均值 $\bar{x}$ 与标准值 u 的差异是否显著。当总体分布是正态分布，如总体标准差未知，且样本容量小于 30，那么样本平均数与总体平均数的离差统计量呈 t 分布。按平均值的置信区间表达式 $u=\bar{x}\pm t_{表}S_{\bar{x}}$，定义参数 $t_{计}$ 为

$$t_{计}=\frac{\bar{x}-u}{S_{r}}\times\sqrt{n} \tag{1.8}$$

因为，根据测定平均值 $\bar{x}$、标准值 u、标准偏差 S_r 和测定次数 n，即可求得 $t_{计}$。同时根据自由度（$f=n-1$）和所要求的置信度 p，由 t 值表查出相应的 $t_{表}$，如：$|t_{计}|\leqslant t_{表}$，则 $\bar{x}$ 与 u 无显著性差异；$|t_{计}|>t_{表}$，则 $\bar{x}$ 与 u 有显著性差异。

具有显著性差异的测量值在随机误差分布中出现的概率称为显著性水平或显著性水准，用 α 表示。如果概率 p（置信度）= 0.95，则显著性水平 α = 0.05。p 与 α 实质上是一样的，只是看问题的角度不同。两者的关系是 $\alpha=1-p$。

一旦发现有显著性差异，就要设法找到产生误差的原因。

【例】用一新方法测定水样中的 TN 含量为 2.12 mg/L、2.15 mg/L、2.13 mg/L、

2.16 mg/L 和 2.14 mg/L，已知标准值 $u=2.17$，问这种新方法是否可靠（$p=0.95$）。

【解】$\bar{x}=2.14$ mg/L，$S_r=0.016$，$n=5$，故 $t_{计}=-4.19$，查 t 值表，$p=0.95$，$f=n-1=4$，$t_{表}=2.78$。

则 $|t_{计}|>t_{表}$，$\bar{x}$ 与 u 有显著性差异，新方法可能存在系统误差，故新方法不可靠。

如果无合适的标准样品，可采用公认的已成熟的或标准的老方法与新方法进行比较，如两方法测定的 $\bar{x}_1$ 与 $\bar{x}_2$ 不存在显著性差异，则新方法可靠；否则有显著性差异，是由系统误差造成的，说明方法不可靠。此时，可用 f 检验法和 t 检验法联合检验。

2. f 检验

f 检验（f-test）最常用的别名叫作联合假设检验，此外也称方差比率检验、方差齐性检验。它是一种在零假设之下，统计值服从 f 分布的检验。其通常是用来分析使用超过一个参数的统计模型，以判断该模型中的全部或一部分参数是否适合用来估计母体。

f 检验主要通过比较两组数据的方差 S^2，以确定它们的精密度是否有显著性差异。令两种测定结果分别为 $\bar{x}_1$、S_1 和 n_1，以及 $\bar{x}_2$、S_2 和 n_2。先按式（1.9）计算 $F_{计}$ 值：

$$F_{计}=\frac{S_{大}^2}{S_{小}^2}\ \text{（此值总是大于 1）} \tag{1.9}$$

式中，S^2 称作方差，即标准偏差的平方。公式为

$$S^2=\frac{\sum_{i=1}^{n}(x_i-\bar{x})^2}{n-1} \tag{1.10}$$

然后查出相应的 $F_{表}$ 值（表 1.5），将计算的 $F_{计}$ 值与查表得到的 $F_{表}$ 值比较：

如果 $F_{计}<F_{表}$，表明两组数据没有显著性差异；

如果 $F_{计}\geqslant F_{表}$，则表明两组数据存在显著性差异。

表 1.5　置信度 95% 时 $F_{表}$ 值（单边）

$f_{小}$	$f_{大}$									
	2	3	4	5	6	7	8	9	10	∞
2	19.0	19.16	19.25	19.30	19.33	19.36	19.37	19.38	19.39	19.5
3	9.55	9.28	9.12	9.01	8.94	8.88	8.84	8.81	8.78	8.53
4	6.94	6.59	6.39	6.26	6.16	6.09	6.04	6.00	5.96	5.63
5	5.79	5.41	5.19	5.05	4.95	4.88	4.82	4.78	4.74	4.36

续表

$f_{小}$	$f_{大}$									
	2	3	4	5	6	7	8	9	10	∞
6	5.14	4.76	4.53	4.39	4.28	4.21	4.51	4.10	4.06	3.67
7	4.74	4.35	4.12	3.97	3.87	3.79	3.73	3.68	3.63	3.23
8	4.46	4.07	3.84	3.69	3.58	3.5	3.44	3.39	3.34	2.93
9	4.26	3.86	3.63	3.48	3.37	3.29	3.23	3.18	3.13	2.71
10	4.10	3.71	3.48	3.33	3.22	3.14	3.07	3.02	2.97	2.54
∞	3.00	3.60	2.37	3.21	2.1	2.01	1.94	1.88	1.83	1.00

注：$f_{大}$表示大方差数据的自由度；$f_{小}$表示小方差数据的自由度

五、常用数据处理软件

数据处理离不开软件的支持，数据处理软件包括：用以书写处理程序的各种程序设计语言及其编译程序、管理数据的文件系统和数据库系统，以及各种数据处理方法的应用软件包。数据处理的软件有 Excel、MATLAB 和 Origin 等，当前流行的图形可视化和数据分析软件有 MATLAB、Mathmatica 和 Maple 等。这些软件功能强大，可满足科技工作中的许多需要，但使用这些软件需要一定的计算机编程知识和矩阵知识，并熟悉其中大量的函数和命令。因此在这里简单介绍 Excel 和 Origin 软件。

1. Excel

在化学实验中，最常见的是函数表。将自变量 X 和应变量 Y 一一对应排成表格，以表示两者的关系（标准曲线可采用这一方法进行编制）。在 Excel 中，列表应注意以下几点：

（1）每一表格必须有简明的名称，即有表题。

（2）行名即量纲。将表格分为若干行，每一变量应占表格中一行，每一行的第一列写上该行变量的名称及量纲。

（3）每一行所记数字应注意其有效数字。

（4）自变量的选择要有一定的灵活性。通常选择较简单的变量（如温度、时间、浓度等）作为自变量。

2. Origin

Origin 是由 OriginLab 公司开发的一个科学绘图、数据分析软件，支持在 Microsoft Windows 下运行。Origin 支持各种各样的 2D/3D 图形。Origin 是一个具有电子数据表前端的图形化用户界面软件。与常用的电子制表软件如 Excel 不同，Origin 的工作表是以列为对象的，每一列具有相应的属性，如名称、数量单位及其他用户自定义标识。

第二章 水分析化学常规实验

实验一 预备练习一 药品称量及试剂配制

一、实验目的

（1）了解分析天平的分类，掌握电子天平的结构、基本操作、使用规则和常用的称量方法。

（2）掌握水质分析常规试剂或标准溶液的配制与标定。

（3）培养准确、简明、整齐地记录实验原始数据的习惯。

二、实验原理

在水质分析过程中，配制一定浓度试剂或标准溶液是必要环节。试剂配制可以由固体试剂配制成溶液，也可以由液体试剂配制成溶液。计算、称量、溶解、定容、量取、标定等是试剂配制过程的基本操作。试剂配制一般根据化合物的摩尔质量和所需配制的总量计算所需用量，用电子天平称量或用量器量取一定量的试剂，进行溶解、定容等，最终配制成一定浓度的试剂。对于基准试剂，可直接配制标准溶液；对于非基准试剂，则需要通过一定浓度的标准溶液进行浓度标定。在试剂配制过程中，会依据分析目标物的不同而采用不同纯度、不同特殊要求的水，也会因试剂的特殊性或配制过程涉及的化学反应特点而采取加热、过滤、调pH等不同的配制方式，最终试剂的保存也会有保存时间、保存方式及试剂瓶的选择等方面的不同要求。

三、实验仪器

（1）电子天平（± 0.0001 g）。

（2）烧杯（100 ml）。

（3）容量瓶（250 ml）。

（4）刻度吸管或移液管（5 ml）。

（5）移液管（25.00 ml）。

（6）酸式滴定管（25.00 ml）。

（7）锥形瓶（250 ml）。

（8）其他实验室常规玻璃仪器和用品。

四、实验试剂

（1）无水碳酸钠（分析纯）。

（2）盐酸（分析纯）。

（3）0.1%甲基橙指示剂：称取 0.1 g 甲基橙溶于 100 ml 蒸馏水中。

（4）去离子水、无二氧化碳蒸馏水及其他实验室用水。

五、实验步骤

1. 常用仪器的洗涤

烧杯、量筒、离心管等用毛刷蘸洗涤剂刷洗 3 遍，自来水冲洗、超纯水淋洗 3 遍。具精密刻度玻璃量器的洗涤：如滴定管、移液管等不宜用毛刷刷洗，可以用洗涤剂浸泡，再用自来水冲洗、蒸馏水淋洗 3 遍。

2. 碳酸钠标准溶液（ $c_{1/2Na_2CO_3} = 0.100 \, mol/L$ ）的配制

1）计算

在酸和碱的相互滴定中，1 分子 Na_2CO_3 可以结合 2 个 H^+，因此其基本反应单元为 $1/2Na_2CO_3$，根据 $1/2Na_2CO_3$ 的摩尔质量 52.995 g/mol，以及 250 mL 的预设配制体积，计算所需无水碳酸钠质量约

$$m = 0.100 \, mol/L \times 0.25 \, L \times 52.995 \, g/mol = 1.3249 \, g$$

2）称量

将无水碳酸钠于 250℃烘干 4 h，用电子天平称取（1.3249±0.0005）g。称量前天平需要调零，在托盘上放置称量纸，待读数稳定后再读数，将读数记入实验记录本中。

3）溶解

将称量好的无水碳酸钠全部转入 100 ml 的烧杯中，用一定体积无二氧化碳蒸馏水溶解，溶解过程用玻璃棒沿着一定的方向搅拌，玻璃棒不要触碰烧杯底和烧杯壁。

4）定容

将溶解后的溶液转移至 250 ml 容量瓶中，转移过程用玻璃棒引流，用一定体积无二氧化碳蒸馏水进一步洗涤烧杯和玻璃棒，所有洗涤液全部转移至容量瓶中。

洗涤 2～3 次后向容量瓶中加入无二氧化碳蒸馏水,在距离刻度 2～3 cm 时,改用胶头滴管滴加无二氧化碳蒸馏水至刻度线。定容时读数应采取平视。

5) 摇匀

将容量瓶盖好塞子,把容量瓶倒转和摇动多次,使溶液混合均匀。

6) 转移

将配制好的溶液转移到聚乙烯试剂瓶或带橡皮塞的玻璃试剂瓶中,贴好标签,注明溶液的名称和浓度及配制日期,保存时间不超过一周。

7) 准确浓度计算

根据实际称量的准确质量,用下式计算碳酸钠标准溶液的浓度:

$$c_{1/2Na_2CO_3} = \frac{\dfrac{m}{52.995}}{0.25}$$

式中,m——实际称量质量（g）;

52.995——$1/2Na_2CO_3$ 的摩尔质量（g/mol）;

0.25——溶液定容体积（L）。

3. 配制盐酸标准溶液（$c_{HCl} = 0.100$ mol/L）

1) 计算

根据盐酸（分析纯）的密度（$\rho = 1.19$ g/ml）、盐酸的质量分数（37%）、盐酸的摩尔质量（36.46 g/mol）,以及 250 ml 的预设配制体积,计算所需盐酸的体积约

$$V = \frac{0.25\,L \times 0.100\,mol/L \times 36.46\,g/mol}{1.19\,g/ml \times 0.37} = 2.070\,ml$$

2) 移取、定容

用刻度吸管或移液管吸取 2 ml 左右的 HCl 置于 250 ml 容量瓶中,加入去离子水,在距离刻度 2～3 cm 时,改用胶头滴管滴加去离子水至刻度线。定容时读数应采取平视。此溶液浓度约 0.100 mol/L。

3) 摇匀

将容量瓶盖好塞子,把容量瓶倒转和摇动多次,使溶液混合均匀。

4) 标定

用移液管吸取 20.00 ml 碳酸钠标准溶液于 250 ml 的锥形瓶中,加入无二氧化碳蒸馏水稀释至 100 ml,加入 3 滴甲基橙指示剂。在 25.00 ml 酸式滴定管中加入盐酸标准溶液,调至 0.00 刻度。滴定至由橙黄色变为橙红色并保持 30 s 不褪色时,记录盐酸标准溶液的用量（平行滴定三次）。按下式计算其准确浓度:

$$c = 20.00 \times c_{1/2Na_2CO_3} / V$$

式中，c ——盐酸溶液的浓度（mol/L）；

$c_{1/2Na_2CO_3}$ ——碳酸钠标准溶液的准确浓度（mol/L）；

V ——消耗的盐酸标准溶液体积（ml）。

5）转移

将配制好的溶液转移到试剂瓶中，贴好标签，注明溶液的名称和浓度及配制日期，使用之前需重新标定。

六、数据记录与处理

1. 碳酸钠标准溶液配制的数据记录

室温：_____℃；湿度：_____%RH；

使用天平型号：_____；编号：_____；

称取无水碳酸钠三份，定容至 250 mL。称取质量分别为：

（1）_____；（2）_____；（3）_____。

准确浓度：（1）_____ （2）_____ （3）_____

2. 盐酸标准溶液的标定

将实验结果记录于表 2.1 中。

表 2.1 盐酸标准溶液标定数据记录及处理

	滴定前读数	滴定后读数	滴定体积
平行 1			
平行 2			
平行 3			
平均值			
盐酸标准溶液浓度			

七、注意事项

（1）无水碳酸钠为基准试剂，可以直接配制一定浓度的标准溶液。因准确控制称量质量操作比较困难，实际称量时可以不必准确称量，只需称量误差在 ±0.0005 g 以内的质量即可，最终的标准溶液浓度可根据实际称量质量计算得到。

（2）根据计算，盐酸标准溶液所需体积为 2.070 ml，因盐酸为非基准试剂，因此配制时可以取近似体积的分析纯盐酸，最后浓度需用标准碳酸钠溶液进行标定确定。

（3）标准溶液标定过程为滴定的操作，其操作细节及注意事项见本章实验二和第一章第一节内容。

八、思考题

（1）如需配制氢氧化钠标准溶液，称量、溶解过程需注意什么？是否一定要用分析天平来称量？为什么？

（2）如需配制硫酸标准溶液，移取、定容过程需注意什么？

（3）配制盐酸标准溶液时可以用刻度吸管或量筒量取吗？为什么？

拓展学习：分析天平简介及使用

1. 分析天平简介

分析天平是化学实验室的常用仪器之一。分析天平按结构可分为等臂天平和不等臂天平；按精度（分度值）可分为百分之一天平、千分之一天平、万分之一天平、十万分之一天平等；按称量范围可分为常量天平（100～200 g，最小分度 0.01～1 mg）、半微量天平（30～100 g，最小分度 1～10 μg）、微量天平（3～30 g，最小分度 0.1～1 μg）和超微量天平（3～5 g，最小分度 0.1 μg 以下）等。电子天平是实验室常用的分析天平之一（图 2.1）。

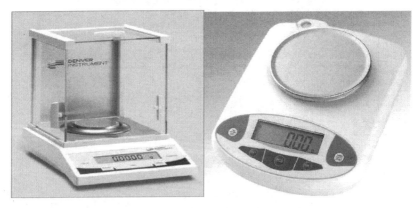

图 2.1　不同精度和称量范围的电子天平

2. 电子天平原理及结构

电子天平的称量原理是电磁力平衡原理。电子天平利用电子装置完成电磁力补偿的调节，使物体在重力场中实现力的平衡，或通过电磁力的调节，使物体在重力场中实现力矩的平衡。

电子天平一般是由秤盘、传感器、PID 调节器、功率放大器、低通滤波器、位置检测器、显示器、机壳、微计算机、模数转换器、底脚等几个内外部部件组成。外部结构如附图 2.2 所示。

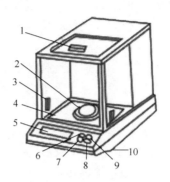

图 2.2　高精度电子天平的结构

1. 顶门；2. 天平盘；3. 侧门；4. 水准仪；5. 显示屏；6. 打印键；7. 模式键；8. 去皮键；9. 开关键；10. 水平调节螺丝

3. 电子天平使用基本步骤

（1）调平：电子天平在称量过程中会因为摆放位置不平而产生测量误差，称量精度越高，误差越大，因此称量前需检查天平是否水平，即水准泡是否位于液腔中央。可以通过旋转水平调节螺丝或调平基座进行天平的调平，调好之后不宜搬动，以免水准泡发生偏移。

（2）打开两边侧门 5~10 min（常量天平无天平门的忽略此步骤，下同），使天平内外的湿度、温度平衡，避免因天平罩内外湿度、温度的差异引起示值变动。检查天平盘上是否清洁，如有灰尘应用毛刷扫净。关好侧门。

（3）预热：接通电源预热，天平在初次接通电源或长时间断电后开机时，至少需要预热 30 min。按下 ON/OFF 键，接通显示器/屏。

（4）模式选定：按说明书选择称量模式，并设置好称量单位。电子天平默认为"通常情况"模式，并具有断电记忆功能。

（5）称量：按下 TAR 键，当显示器显示 0.0000 g 时，表示电子天平自检结束。打开一侧侧门，小心放入称量纸或称量器皿，关上侧门，再按下 TAR 键，显示 0.0000 g 时，表明去除皮重。打开一侧侧门（一般为右侧），在称量纸或称量器皿上缓慢加入称量物，关闭侧门，待显示器左下角 O 消失，读数稳定后读数。

（6）称量结束后，取出被称物，关好天平门，若较短时间内还使用天平，一般不用按 OFF 键关闭显示器。实验全部结束后，关闭显示器，切断电源。

4. 电子天平使用注意事项

（1）注意被称物若含有腐蚀性、酸碱性或含水量多时，不可与天平盘直接接触。

（2）严禁对天平盘进行冲击或过载，严禁用溶剂清洁外壳，应用软布清洁。

（3）电子天平务必置于水平位置，当进行测量时，身体不可挤压放置天平的桌子。

（4）请勿直接用手触碰被称物，可适当选择辅助物进行夹取。

（5）天平内需放置少许变色硅胶，保持天平内干燥。

（6）在天平安装后，第一次使用前，应对天平进行校准。由 TAR 键清零及 CAL 键、100 g 校准砝码完成。轻按 CAL 键当显示器出现 CAL-时，即松手，显示器出现 CAL-100，其中"100"为闪烁码，表示校准砝码需用 100 g 的标准砝码。将 100 g 校准砝码放上天平盘，显示器即出现"……"等待状态，经较长时间后显示器出现 100.0000 g，拿去校准砝码，显示器应出现 0.0000 g，若出现不是零，则再清零，然后重复以上校准操作。

实验二　预备练习二 滴定分析基本操作

一、实验目的

（1）掌握滴定分析常用仪器的洗涤和正确使用方法。

（2）通过滴定分析基本操作练习，掌握正确判断终点的方法和滴定技能。

（3）熟悉甲基橙、酚酞指示剂的使用和终点颜色的变化。

二、实验原理

滴定分析法是将滴定剂（已知准确浓度的标准溶液）滴加到含有被测组分的试液中，直到化学反应完全时为止，然后根据滴定剂的浓度和消耗的体积计算被测组分含量的一种方法。

0.1 mol/L NaOH 溶液滴定等浓度的 HCl 溶液，滴定的突跃范围为 pH = 4.3～9.7，可选用酚酞（变色范围：pH = 8.0～9.6）或甲基橙（变色范围：pH = 3.1～4.4）做指示剂。甲基橙和酚酞变色的可逆性好，当浓度一定的 NaOH 和 HCl 相互滴定时，所消耗的体积比（V_{HCl}/V_{NaOH}）应该是固定的，在使用同一指示剂的情况下，改变被滴溶液的体积，此体积比也应基本不变。通过相互滴定和改变被滴溶液的体积可训练滴定分析基本操作技能和正确判断终点的能力。

三、实验仪器

（1）酸式滴定管（25.00 ml）。

（2）碱式滴定管（25.00 ml）。

（3）锥形瓶（250 ml）。

（4）其他实验室常规仪器设备。

四、实验试剂

（1）氢氧化钠标准溶液（0.1 mol/L）：用电子天平称取 4.000 g 左右的 NaOH 固体，溶于 1000 ml 去离子水中，转移至试剂瓶中，用橡皮塞塞住瓶口。

（2）盐酸标准溶液（0.1 mol/L）：用移液管移取 8.4ml 的分析纯盐酸，用去离子水稀释至 1000 ml，转移至试剂瓶中，盖上玻璃塞，摇匀。

（3）0.1%甲基橙指示剂：称取 0.1 g 甲基橙溶于 100 ml 蒸馏水中。

（4）1%酚酞指示剂：称取 0.1 g 酚酞，加乙醇 100 ml 溶解。

（5）去离子水、蒸馏水。

五、实验步骤

1. 常用仪器的洗涤

烧杯、量筒、离心管等用毛刷蘸洗涤剂刷洗 3 遍，自来水冲洗、蒸馏水淋洗 3 遍。精密刻度玻璃量器（如滴定管、移液管等）不宜用毛刷刷洗，可以用洗涤剂浸泡，再用自来水冲洗、蒸馏水淋洗 3 遍。

2. 酸式滴定管和碱式滴定管的准备

（1）检漏：洗涤后的滴定管在使用之前需在活塞的大头表面和活塞小头内壁涂抹少量凡士林以防止漏液。对于酸式滴定管，先关闭活塞，装水至 0 刻度线以上，直立约 2 min，仔细观察有无水滴滴下，然后将活塞转 180°，再直立 2 min，观察有无水滴滴下。对碱式滴定管，装水后直立 2 min，观察是否漏水，若漏水，则需更换橡皮管或大小合适的玻璃珠。

（2）润洗：为保证滴定管内的标准溶液不被稀释，分别用 5～10 ml 盐酸标准溶液和氢氧化钠标准溶液润洗酸式滴定管和碱式滴定管 2～3 次。

（3）装液：左手拿滴定管，使滴定管倾斜，右手拿试剂瓶往滴定管中倒溶液，直至充满 0 刻度线以上。

（4）排气泡：当酸式滴定管尖嘴处有气泡时，右手拿滴定管上部无刻度处，左手打开活塞，使溶液迅速冲走气泡；当碱式滴定管有气泡时，将橡皮管向上弯曲，两手指挤压玻璃珠，使溶液从管尖喷出，排出气泡。

（5）调零点：调整凹液面与 0 刻度线相平，初读数为"0.00 ml"。

3. 以甲基橙作指示剂用盐酸标准溶液滴定氢氧化钠标准溶液

从碱式滴定管中放出约 10 ml 氢氧化钠标准溶液于锥形瓶中，加入约 10 ml 蒸馏水，再加入 1～2 滴甲基橙，在不断摇动下，用盐酸标准溶液滴定至溶液由橙黄色恰呈橙红色且 30 s 不褪色为滴定终点。再由碱式滴定管中放入 1～2 ml 氢氧化钠标准溶液，继续用盐酸标准溶液滴定至终点，如此反复练习滴定、终点判断及读数若干次。此过程中滴定操作细节如下。

滴定时，酸式滴定管活塞柄向右，左手从滴定管后向右伸出，拇指在滴定管前，食指及中指在管后，三指平行地轻轻拿住活塞柄（注意不可向外用力，以免推出活塞）；右手的拇指、食指和中指拿住锥形瓶，其余两指辅助在下侧，使瓶底离滴定台高 2～3 cm，滴定管下端深入瓶口内约 1 cm。左手控制滴定速度，边滴加溶液，边右手摇动锥形瓶。滴定开始连续滴加时可稍快，呈"见滴成线"，保持 10 ml/min 滴速，即每秒 3～4 滴（但不能滴成"水线"）；接近终点时，改为一滴一滴加入，加一滴摇几下，再加再摇；最后是每加半滴摇几下锥形瓶，直至溶液出现明显的颜色，轻轻转动旋塞，使溶液悬挂在出口管嘴上，形成半滴，用锥形瓶内壁将其沾落，使其沿器壁流入瓶内，并用蒸馏水冲洗瓶颈内壁，再充分摇匀。读数时竖直放置滴定管，视线水平，读取溶液凹液面最低点，读数时需估读一位。

4. 以酚酞作指示剂用氢氧化钠标准溶液滴定盐酸标准溶液

从酸式滴定管中放出约 10 ml 盐酸标准溶液于锥形瓶中，加入约 10 ml 蒸馏水，再加入 1～2 滴酚酞，在不断摇动下，用氢氧化钠标准溶液滴定至微红色且 30 s 不褪色为终点，记下读数。又由酸式滴定管放入 1～2 ml 盐酸标准溶液，再用氢氧化钠标准溶液滴定至终点。如此反复练习滴定、终点判断及读数若干次。操作细节同步骤 3，对于碱式滴定管，应左手拇指在前、食指在后，捏住橡皮管中玻璃珠的上方，使其与玻璃珠之间形成一条缝隙，溶液流出（不可捏玻璃珠下方的橡皮管，也不可使玻璃珠上下移动，以免空气进入形成气泡）。

5. 盐酸标准溶液和氢氧化钠标准溶液体积比（V_{HCl}/V_{NaOH}）的测定

（1）用盐酸标准溶液滴定氢氧化钠标准溶液：从碱式滴定管中放出 18.00 ml、20.00 ml、22.00 ml 的氢氧化钠标准溶液于锥形瓶中，加入 1～2 滴甲基橙指示剂，用盐酸标准溶液滴定至终点，准确读数。

（2）用氢氧化钠标准溶液滴定盐酸标准溶液：从酸式滴定管中放出 18.00 ml、20.00 ml、22.00 ml 的盐酸标准溶液于锥形瓶中，加入 2 滴酚酞指示剂，用 NaOH 标准溶液滴定至终点，准确读数。

六、数据记录与处理

将实验数据和计算结果填入表 2.2 和表 2.3。根据记录的实验数据计算出 V_{HCl}/V_{NaOH} 及 V_{NaOH}/V_{HCl}，并计算 3 次滴定结果的相对平均偏差。对测定结果要求相对平均偏差小于 0.3%。

表 2.2　盐酸标准溶液滴定氢氧化钠标准溶液（甲基橙指示剂）数据记录表

滴定编号	1	2	3
V_{NaOH}			
V_{HCl}			
V_{HCl}/V_{NaOH}			
V_{HCl}/V_{NaOH} 平均值			
个别测定的绝对偏差（V_{HCl}/V_{NaOH}）			
平均偏差			
相对平均偏差			

表 2.3　氢氧化钠标准溶液滴定盐酸标准溶液（酚酞指示剂）数据记录表

滴定编号	1	2	3
V_{HCl}			
V_{NaOH}			
V_{NaOH}/V_{HCl}			
V_{NaOH}/V_{HCl} 平均值			
个别测定的绝对偏差（V_{NaOH}/V_{HCl}）			
平均偏差			
相对平均偏差			

七、注意事项

（1）滴定时，最好每次都从 0.00 ml 开始。

（2）滴定时，左手不能离开活塞，不能任溶液自流。

（3）摇瓶时，应转动腕关节，使溶液向同一方向旋转（左旋、右旋均可），不能前后振动，以免溶液溅出。摇动还要有一定的速度，一定要使溶液旋转出一个漩涡，不能摇得太慢，以免影响化学反应的进行。

（4）滴定时，要注意观察滴落点周围溶液颜色的变化，不要去看滴定管上的刻度变化。

（5）滴入半滴溶液时，也可采用倾斜锥形瓶的方法，将附于壁上的溶液涮至瓶中，避免冲洗次数太多，造成被滴物过度稀释。

（6）读数时，对于无色或浅色溶液，应读取凹液面下缘最低点，且与液面成水平；溶液颜色太深不便辨认时，可读液面两侧的最高点，此时视线应与该点成水平。初读数与终读数需采用同一标准。

八、思考题

　　（1）标准溶液装入滴定管之前，为什么要用待装溶液润洗 2～3 次？锥形瓶是否也需要事先润洗？

　　（2）盐酸标准溶液与氢氧化钠标准溶液定量反应完全后，生成氯化钠和水，为什么用盐酸标准溶液滴定氢氧化钠标准溶液时采用甲基橙作为指示剂，而用氢氧化钠标准溶液滴定盐酸标准溶液时使用酚酞作为指示剂？

实验三 水质基础指标的测定
（色度、悬浮物、pH、浊度）

一、实验目的

（1）理解水体色度、悬浮物、pH、浊度测定的意义。

（2）掌握水体色度、悬浮物、pH、浊度测定的原理和方法。

（3）掌握 pH 计的使用方法。

二、实验方法

（一）色度的测定——稀释倍数法

纯水是无色透明的，当水中存在某些物质时，会表现出一定的颜色。水样经 15 min 澄清后，其颜色可以用国标的铂钴比色法或稀释倍数法测定。天然水和轻度污染水可用铂钴比色法测定色度，对有色工业废水常用稀释倍数法辅以文字描述，本实验采用稀释倍数法。

1. 实验原理

将样品用光学纯水稀释至用目视与光学纯水相比刚好看不见颜色时的稀释倍数作为表达颜色的强度，单位为倍。

同时目视观察样品，检验样品的颜色性质，如颜色的深浅（无色、浅色或深色）、色调（红、橙、黄、绿、蓝和紫等），还可能包括样品的透明度（透明、浑浊或不透明）。

结果以稀释倍数值和文字描述相结合表达。

2. 实验仪器

（1）具塞比色管（50 ml）（其刻度线高度应一致且应有 25 ml 刻度线）。

（2）量筒（50 ml）。

（3）移液管（5 ml 以内）。

（4）烧杯（200 ml）。

（5）其他实验室常规玻璃仪器和用品。

3. 实验试剂

光学纯水：将 0.2 μm 滤膜（细菌学研究中所采用的）在 100 ml 蒸馏水或去离子水中浸泡 1 h，用它过滤蒸馏水或去离子水，弃去最初 250 ml 后制得光学纯水。

4. 实验步骤

（1）取 100～150 ml 澄清水样置于烧杯中，以白色表面为背景，观察并描述其感官性状，包括颜色、气味。

（2）比色方法：分别取充至刻度线的水样和光学纯水于具塞比色管中，将具塞比色管放在白色表面上，具塞比色管与该表面应呈合适的角度，使光线被反射自具塞比色管底部向上通过液柱。垂直向下观察液柱，比较样品和光学纯水，判断样品呈现的色度和色调。

（3）判断水样色度是否在 50 倍以内。可以将水样用光学纯水稀释 50 倍，取 1 ml 水样于 50 ml 具塞比色管中，用光学纯水补充至刻度线，按照步骤（2）的方法与光学纯水进行比较，若水样在 50 倍以内（即稀释 50 倍后的水样与光学纯水无区别），按照色度在 50 倍以下的方法进行；若水样色度在 50 倍以上，则再取稀释后的水样进行 50 倍的逐级稀释，按步骤（2）的方法与光学纯水进行比较，直到最终稀释后的水样色度在 50 倍之内，稀释后的水样按色度在 50 倍以下的方法进行。

（4）水样的色度控制在 50 倍以下后，采用逐级 2 倍稀释的方法目视比色。在 50 ml 的具塞比色管中取水样 25 ml（可以取水样到 25 ml 刻度线处），用光学纯水稀释至刻度线，按步骤（2）的方法与光学纯水进行比较，每次稀释倍数为 2，直至接近光学纯水的色度。

（5）水样经稀释至色度很低时（接近光学纯水色度），应在具塞比色管加入 25 ml 水样后逐滴加入光学纯水，至刚好与光学纯水无区别为止，将稀释后的水样倒入量筒量取体积，通过计量稀释体积计算此步骤的稀释倍数值。

（6）另取水样测定 pH，测定方法见本实验第（三）部分。

5. 计算

（1）50 倍以内时（注：此时 n 应≤5）：

$$水样的色度（稀释倍数）=\underbrace{2\times\cdots\times2\times}_{n次2倍逐级稀释}\frac{水样稀释至终点时量筒量取体积}{25} \quad (2.1)$$

（2）50 倍以上时：

$$水样50倍以上的色度 = \underbrace{50 \times \cdots \times 50}_{n次50倍逐级稀释} \qquad (2.2)$$

最终色度为式（2.1）×式（2.2）的结果。

6. 注意事项

（1）如测定水样的真色，应放至澄清，取上清液，或用离心法去除悬浮物后测定；如测定水样的表色，待水样中的大颗粒悬浮物沉降后（静置 15 min 后），取上清液测定。

（2）溶解性的有机物、部分无机离子和有色悬浮颗粒均可使水着色。pH 对色度有较大的影响，在测定色度的同时，应测定溶液的 pH。

（3）结果应该以稀释倍数值和文字描述相结合表达。实验报告中应详尽记录稀释倍数得到的实验过程。

（二）悬浮物的测定

1. 实验原理

水质中的悬浮物是指水样通过孔径为 0.45 μm 的滤膜，截留在滤膜上并于 103～105℃烘干至恒重的固体物质，为不可滤残渣的部分。

2. 实验仪器

（1）加热干燥器。
（2）分析天平（±0.0001 g）。
（3）干燥器。
（4）过滤器（如砂芯过滤装置）。
（5）孔径为 0.45 μm、直径为 47 mm 的微孔滤膜。
（6）真空泵。
（7）无齿扁嘴镊子。
（8）量筒（50 ml 或 100 ml）。

3. 实验步骤

（1）将孔径为 0.45 μm 的滤膜在 103～105℃烘干 1～2 h，取出在干燥器内冷却；反复烘干、冷却、称量，直至恒重（两次称量相差不超过 0.0002 g），记录滤膜质量 m_B。

（2）用无齿扁嘴镊子夹取微孔滤膜，放置于砂芯过滤装置中，以蒸馏水润湿滤膜，并打开真空泵不断吸滤，确保滤膜在过滤器的滤膜托盘上贴紧后，量取适量混合均匀水样,使其全部通过滤膜(注意倒入水样的速度)。用蒸馏水洗涤量筒 2~3 次,将洗涤液全部过滤,再用蒸馏水洗涤过滤器内壁及滤膜上的残渣 3~5 次。最后打开真空泵持续抽吸 1~2 min,使滤膜上的水分尽量被吸滤干。

(3)小心取下滤膜,对折后放置于陶瓷托盘中,在 103~105℃加热干燥器中烘 1~2 h,移入干燥器中冷却后称重。反复烘干、冷却、称量,直至恒重(两次称量相差不超过 0.0004 g)为止,记录质量 m_A。

4. 计算

$$c(悬浮物,mg/L) = \frac{(m_A - m_B) \times 10^6}{V}$$

式中,m_A——悬浮固体和滤膜总质量(g);

　　m_B——滤膜质量(g);

　　V——水样体积(ml)。

5. 注意事项

(1)树叶、木棒、水草等杂质应先从水中除去。

(2)废水黏度高,可加 2~4 倍蒸馏水稀释,振荡均匀,待沉淀物下降后再过滤。

(3)水样体积可以依据悬浮物含量的多少适当调整,使过滤出来的悬浮物质量在电子天平称量精度内。

(三)pH 的测定——复合电极法

1. 实验原理

pH 是水中氢离子活度的负对数,即 pH=$-\lg \alpha_{H^+}$。天然水体的 pH 多在 6~9 内,pH 是水分析化学中常见和最重要的检测项目之一。常用的测量方法为复合电极法,由测量电池的电动势而得。该电池通常由饱和甘汞电极为参比电极,玻璃电极为指示电极所组成。在 25℃,溶液中每变化 1 个 pH 单位,电位差改变 59.16 mV,据此在仪器上直接以 pH 读数表示,温度差异在仪器上有补偿装置。

pH 计由电极和电计两部分组成。近年来,复合电极因使用方便,不受氧化性或还原性物质的影响,且平衡速度较快而被广泛使用。复合电极是由玻璃电极和参比电极(Ag/AgCl)组合在一起的塑壳可充式复合电极。与上述电极法不同的是,复合电极的参比电极不是饱和甘汞电极,而是 Ag/AgCl 电极。此外,复合电极的测量电极和单独玻璃电极的零位和斜率有所区别,故复合电极需用标准溶液校准后测定。

2. 实验仪器

（1）pH 计或离子活度计。
（2）pH 复合电极。
（3）烧杯（100 ml）。
（4）温度计。

3. 实验试剂

（1）标准缓冲溶液，pH 分别为 4.00、6.86、9.18。
（2）蒸馏水。

4. 实验步骤

（1）检查电极：使用前，应检查玻璃电极前端的球泡。正常情况下，电极应该透明而无裂纹；球泡内要充满溶液，不能有气泡存在。

（2）仪器校准：先将水样与标准溶液调到同一温度，记录测定温度，并将仪器温度补偿调到测定温度。再用已知 pH 的标准缓冲溶液进行定位和斜率校准，校准时，先将电极浸入第一个标准溶液（该标准溶液与水样 pH 相差不超过 2 个 pH 单位），按说明书进行定位，从标准溶液中取出电极后，需用蒸馏水彻底冲洗并用滤纸吸干，再将电极浸入第二个标准溶液中（其 pH 大约与第一个标准溶液相差 3 个 pH 单位），按说明书进行斜率校准。如仪器响应的示值与第二个标准溶液的 pH 之差大于 0.1 pH 单位，需检查仪器、电极或标准溶液是否存在问题。当三者均正常时，方可用于测定样品。

（3）样品测定：测定样品时，先用蒸馏水认真冲洗电极，用滤纸吸干，然后将电极浸入样品中，小心摇动或进行搅拌使其均匀，静置，待读数稳定时记下 pH。

5. 注意事项

（1）复合电极在不使用时，应套上电极保护帽，浸泡在配套的电极保护液中（通常为 3 mol/L KCl）以保持球泡的湿润。如果发现干枯，在使用前应在 3 mol/L KCl 溶液或微酸性的溶液中浸泡几个小时，以降低电极的不对称电位，使电极达到最好的测量状态。

（2）电极为可充式，电极上端有充液小孔，配有小橡皮塞，在测量时应把小橡皮塞和电极保护帽取下，以保持电极内氯化钾溶液的液压差。测量完成后应把橡皮塞复原，封住小孔。管内参比溶液液面应保持高于 Ag/AgCl 丝，补充液可以从上端小孔加入。

（3）电极应避免长期浸在蒸馏水、蛋白质、酸性氟化物溶液中，并防止与有机硅油脂接触。测定 pH 时，电极的敏感玻璃球泡应全部浸入溶液中，不要与硬物接触，搅拌时应避免碰到烧杯底部或杯壁。

（4）测定 pH 时，为减少空气和水样中二氧化碳的溶入或挥发，在测定水样之前，不应提前打开水样瓶。测定浓度较大的溶液时，尽管缩短测量时间，用后仔细清洗，防止被测液黏附在电极上而污染电极。清洗电极后，不要用滤纸擦拭玻璃膜，而应用滤纸吸干，避免损坏玻璃膜，防止交叉污染，影响测量精度。

（5）电极表面受到污染时，需进行处理。如果是附着无机盐结垢，可用温稀盐酸溶解；对钙、镁等难溶性结垢，可用 EDTA 二钠溶液溶解；沾有油污时，可用丙酮清洗。电极按上述方法处理后，应在 3 mol/L KCl 中浸泡一昼夜再使用。注意忌用无水乙醇、脱水性洗涤剂处理电极。

（6）经长期使用后，如发现电极的百分理论斜率略有降低，则可把电极下端浸泡在 4% HF 中 3～5 s，用蒸馏水洗净，然后在 0.1 mol/L HCl 溶液中浸泡几小时，用去离子水冲洗干净，使之复新。

（四）浊度的测定——目视比浊法

1. 实验原理

浊度是表现水中悬浮物对光线透过时所发生的阻碍程度。水中含有的泥土、粉砂、微细有机物、无机物、浮游动物与其他微生物等悬浮物和胶体物都可使水样呈现浊度。水的浊度大小不仅和水中存在的颗粒物含量有关，而且和其粒径大小、形状、颗粒表面对光散射特性有密切关系。将水样和硅藻土（或白陶土）配制的浊度标准液进行比较。规定相当于 1 mg 一定粒度的硅藻土（白陶土）在 1000 ml 水中所产生的浊度，称为 1 度。测定浊度的方法有分光光度法、目视比浊法和浊度计法，本实验采用目视比浊法。

2. 实验仪器

（1）具塞比色管（100 ml）。

（2）容量瓶（250 ml）。

（3）具塞玻璃瓶（250 ml），玻璃质量和直径均需一致。

（4）量筒（1000 ml）。

（5）蒸发皿（50 ml）。

3. 实验试剂

主要实验试剂为浊度标准液，配制过程如下。

（1）称取 10 g 通过 0.1 mm 筛孔（150 目）的硅藻土，于研钵中加入少许蒸馏水，调成糊状并研细，移至 1000 ml 量筒中，加水至刻度。充分搅拌，静置 24 h，用虹吸法仔细将上层 800 ml 悬浮液移至第二个 1000 ml 量筒中。向第二个量筒内加水至 1000 ml，充分摇匀后再静置 24 h。

（2）虹吸出上层含较细颗粒的 800 ml 悬浮液，弃去。下部沉积物加水稀释至 1000 ml。充分搅拌后储于具塞玻璃瓶中，作为浊度原液。其中含硅藻土颗粒直径约为 400 μm。

（3）取上述浊度原液 50 ml 置于已恒重的蒸发皿中，在水浴上蒸干。于 105℃ 加热干燥器内烘 2 h，置干燥器中冷却 30 min，称重。重复以上操作，即烘 1 h，冷却，称重，直至恒重。求出每毫升悬浊液（即浊度原液）中含硅藻土的质量（mg）。

（4）根据（3）得到的悬浊液中硅藻土的质量浓度，计算含 250 mg 硅藻土所需的浊度原液体积，吸取后置于 1000 ml 容量瓶中，加水至刻度线，摇匀。此溶液浊度为 250 度。

（5）吸取浊度为 250 度的标准液 100 ml 置于 250 ml 容量瓶中，用水稀释至刻度线，此溶液浊度为 100 度。

若需长时间保存，需在上述原液和各标准液中加入氯化汞以防止菌类生长。

4. 实验步骤

1）浊度低于 10 度的水样

（1）吸取浊度为 100 度的标准液 0 ml、1.0 ml、2.0 ml、3.0 ml、4.0 ml、5.0 ml、6.0 ml、7.0 ml、8.0 ml、9.0 ml 及 10.0 ml 于 100 ml 具塞比色管中，加水稀释至刻度线，混匀。其浊度依次为 0 度、1.0 度、2.0 度、3.0 度、4.0 度、5.0 度、6.0 度、7.0 度、8.0 度、9.0 度、10.0 度。

（2）取 100 ml 摇匀水样置于 100 ml 比色管中，与浊度标准液进行比较。可在黑色底板上，由上往下垂直观察。选出与水样有近似视觉效果的标准液，记下其浊度值。

2）浊度为 10 度以上的水样

（1）吸取浊度为 250 度的标准液 0 ml、10 ml、20 ml、30 ml、40 ml、50 ml、60 ml、70 ml、80 ml、90 ml 及 100 ml 置于 250 ml 的容量瓶中，加水稀释至刻度线，混匀，即得浊度为 0 度、10 度、20 度、30 度、40 度、50 度、60 度、70 度、80 度、90 度和 100 度的标准液，移入成套的 250 ml 具塞玻璃瓶中，每瓶可加入氯化汞以防菌类生长，密塞保存。

（2）取 250 ml 摇匀水样，置于与标准液成套的 250 ml 具塞玻璃瓶中，瓶后放一张有黑线的白纸作为判别标志，从瓶前向后观察，根据目标清晰程度，选出与水样有近似视觉效果的标准液，记下其浊度值（取整数）。

（3）水样浊度超过 100 度时，用水稀释后测定，最终水样的浊度等于稀释水样的浊度乘以稀释倍数。

5. 思考题

（1）悬浮物的质量浓度和浊度有什么区别和联系？
（2）分析浊度测定过程产生误差的原因。

实验四　水中碱度的测定——酸碱滴定法

一、实验目的

（1）理解水中碱度的含义。
（2）掌握酸碱滴定的原理。
（3）掌握水中碱度的测定方法。
（4）进一步熟练掌握滴定操作及滴定终点判断。

二、实验原理

水的总碱度是指能够接受质子的物质总量，包括 OH^-、CO_3^{2-} 和 HCO_3^-。因为酸碱反应的平衡常数不同，不同 pH 下能接受质子的碱度离子种类不同，因此水的碱度有氢氧化物碱度、碳酸盐碱度、重碳酸盐碱度和总碱度，总碱度为前三者之和。一般而言，pH＞10 时主要是 OH^- 碱度，pH＝8.3～10，存在 CO_3^{2-} 碱度，而 pH＝4.5～10，存在 HCO_3^- 碱度。pH≈8.31 时，CO_3^{2-} 全部转化为 HCO_3^-，正好是酚酞指示剂的变色点，此时体系中仅存在 HCO_3^-。pH≈3.0 时，HCO_3^- 全部转化为 H_2CO_3，正好是甲基橙指示剂的变色点，此时体系仅存在 H_2CO_3。以一定浓度的 HCl 标准溶液滴定水样，先后用酚酞（变色范围：pH＝8.0～9.8）和甲基橙做指示剂（变色范围：pH＝3.1～4.4），可以根据滴定水样所消耗的标准浓度的酸的用量及它们的大小关系（酚酞做指示剂时用量为 P，甲基橙做指示剂时用量为 M），计算出水样的各种碱度。具体如下：

（1）$P＞0$，$M＝0$，仅存在氢氧化物碱度，OH^- 碱度 $＝P$，总碱度 $T＝P$。
（2）$P＝0$，$M＞0$，仅存在重碳酸盐碱度，HCO_3^- 碱度 $＝M$，总碱度 $T＝M$。
（3）$P＝M$，仅存在碳酸盐碱度，CO_3^{2-} 碱度 $＝2P＝2M$，总碱度 $T＝2P＝2M$。
（4）$P＜M$，存在碳酸盐碱度和重碳酸盐碱度，CO_3^{2-} 碱度 $＝2P$；HCO_3^- 碱度 $＝M–P$，总碱度 $T＝M+P$。
（5）$P＞M$，存在氢氧化物碱度和碳酸盐碱度，OH^- 碱度 $＝P–M$，CO_3^{2-} 碱度 $＝2M$，总碱度 $T＝P+M$。

碱度指标常用于评价水体的缓冲能力及金属在其中的溶解性和毒性，是对水和废水处理过程控制的判断性指标。

三、实验仪器

（1）酸式滴定管（25 ml）。

（2）锥形瓶（250 ml）。

（3）移液管（10 ml、25 ml、100 ml）。

（4）其他实验室常规玻璃仪器和用品。

四、实验试剂

（1）无二氧化碳蒸馏水：蒸馏水或去离子水使用前煮沸 15 min，冷却至室温。pH 大于 6.0，电导率小于 2 μS/cm。

（2）酚酞指示剂（1%）：称取 1 g 酚酞加乙醇 100 ml 溶解。

（3）甲基橙指示剂（0.1%）：称取 0.1 g 甲基橙溶于 100 ml 蒸馏水中。

（4）碳酸钠标准溶液（$c_{1/2Na_2CO_3} = 0.1000$ mol/L）：称取约 5.2995 g（于 250℃ 烘干 4 h）无水碳酸钠（Na_2CO_3），溶于无二氧化碳蒸馏水中，转移至 1000 ml 的容量瓶中，用水稀释至刻度线，摇匀。计算准确浓度后储于聚乙烯瓶中，保存时间不要超过一周。

（5）盐酸标准溶液（$c_{HCl} = 0.1000$ mol/L）：用移液管移取 8.4 ml 浓 HCl（$\rho = 1.19$ g/ml），并用蒸馏水稀释至 1000 ml，此溶液浓度约 0.1000 mol/L。其准确浓度标定如下：用 25.00 ml 移液管吸取 25.00 ml Na_2CO_3 标准溶液于 250 ml 锥形瓶中，加入无二氧化碳蒸馏水稀释至 100 ml，加入 3 滴甲基橙指示剂，用 HCl 标准溶液滴定至由橘黄色刚变为橙红色，记录 HCl 标准溶液的用量（平行滴定三次）。

按下式计算其准确浓度：

$$c = 25.00 \times c_{1/2Na_2CO_3} / V$$

式中，c——盐酸溶液的浓度（mol/L）；

$c_{1/2Na_2CO_3}$——碳酸钠标准溶液的准确浓度（mol/L）；

V——消耗的盐酸标准溶液体积（ml）。

五、实验步骤

（1）用 100 ml 移液管吸取 100 ml 水样于 250 ml 锥形瓶中，加入 4 滴酚酞指示剂，摇匀。若溶液无色，不需用 HCl 标准溶液滴定，请按步骤（2）进行。若加入酚酞指示剂后溶液变为紫红色，用 HCl 标准溶液滴定至紫红色刚刚变为无色且 30 s 内不褪色，记录 HCl 标准溶液的用量（P，平行滴定三次）。

（2）在上述锥形瓶中滴入 3 滴甲基橙指示剂，混匀。

（3）若水样变为橘黄色，继续用 HCl 标准溶液滴定至溶液由橘黄色刚刚变为橙红色为止。记录 HCl 标准溶液用量（M，平行滴定三次）。若加入甲基橙指示剂后溶液变为橙红色，则不需用 HCl 溶液滴定。

六、数据记录与处理

将实验结果记录于表 2.4 中。

表 2.4　实验结果记录表

		1	2	3
酚酞做指示剂	滴定管始读数/ml			
	滴定管终读数/ml			
	滴定体积 P/ml			
	平均值/ml			
甲基橙做指示剂	滴定管始读数/ml			
	滴定管终读数/ml			
	滴定体积 M/ml			
	平均值/ml			

总碱度计算：

$$总碱度(以CaO计, mg/L)=\frac{c\times(P+M)\times28.04}{V}\times1000$$

$$总碱度(以CaCO_3计, mg/L)=\frac{c\times(P+M)\times50.05}{V}\times1000$$

式中，c——盐酸标准溶液的浓度（mol/L）；

P——酚酞为指示剂时，到滴定终点消耗的 HCl 标准溶液的量（ml）；

M——甲基橙为指示剂时，到滴定终点消耗的 HCl 标准溶液的量（ml）；

V——水样体积（ml）；

1000——g 至 mg 单位换算系数；

28.04——氧化钙的摩尔质量（1/2CaO，g/mol）；

50.05——碳酸钙的摩尔质量（1/2CaCO₃，g/mol）。

七、注意事项

（1）当水中含有硼酸盐、磷酸盐或硅酸盐等时，则总碱度的测定值也包含它们所起的作用。

（2）样品采集后应在 4℃保存，分析前不应打开瓶塞，不能过滤、稀释或浓缩。样品应于采集的当天进行分析，特别是当样品中含有可水解盐类或含有可氧化态阳离子时，应及时分析。

（3）水样浑浊、有色均干扰测定，遇此情况，可用电位滴定法测定。能使指示剂褪色的氧化还原性物质也干扰测定，如水样中余氯可破坏指示剂，此时可加 1～2 滴 0.1 mol/L 硫代硫酸钠溶液消除。

（4）结果计算中需注明以什么计，如以 CaO 计，则需用 1/2 CaO 的摩尔质量计算，如以 mol/L 计，则分别以 OH^-、$1/2CO_3^{2-}$ 和 HCO_3^- 的摩尔数计算，如以 mg/L 计，则分别以 OH^-、$1/2CO_3^{2-}$ 和 HCO_3^- 的摩尔质量去计算。

八、思考题

（1）根据实验数据，判断水样中有何种碱度。

（2）为什么水样直接以甲基橙为指示剂，用酸标准溶液滴定至终点，所得碱度是总碱度？

（3）试根据 P、M 之间的关系分别计算所测水样的氢氧化物碱度、碳酸盐碱度和重碳酸盐碱度（以 mg/L 表示）。

实验五　水中硬度的测定——络合滴定法

一、实验目的

（1）理解水中硬度的含义。
（2）掌握络合滴定的原理。
（3）掌握水中硬度的测定方法。

二、实验原理

水的硬度是指水中 Ca^{2+}、Mg^{2+} 浓度的总量，是水质的重要指标之一。

在 pH = 10 的 $NH_3 \cdot H_2O$-NH_4Cl 缓冲溶液中，铬黑 T 与水中的 Ca^{2+}、Mg^{2+} 形成紫红色络合物，然后用 EDTA 标准溶液滴定，滴定中游离的 Ca^{2+} 和 Mg^{2+} 首先与 EDTA 结合，至反应终点时铬黑 T 被置换出来，使溶液呈现亮蓝色，即为终点。根据 EDTA 标准溶液的浓度和用量便可求出水样中的总硬度。

如果在 pH > 12 时，Mg^{2+} 以 $Mg(OH)_2$ 沉淀形式被掩蔽，加钙指示剂，用 EDTA 标准溶液滴定至溶液由紫红色变为亮蓝色且 30 s 不褪色，即为终点。根据 EDTA 标准溶液的浓度和用量求出水样中 Ca^{2+} 的含量。

三、实验仪器

（1）酸式滴定管（25 ml）。
（2）锥形瓶（250 ml）。
（3）移液管（25 ml、50 ml）。
（4）其他实验室常规玻璃仪器和用品。

四、实验试剂

（1）10 mmol/L EDTA 二钠（EDTA-2Na）标准溶液：将 EDTA 二钠二水合物（$C_{10}H_{14}N_2O_8Na_2 \cdot 2H_2O$）在 80℃干燥 2 h 后置于干燥器中冷至室温，称取 3.725 g EDTA 二钠二水合物，溶于去离子水，转移至 1000 ml 容量瓶中，定容后盛放在聚乙烯瓶中，定期校对其浓度。

（2）铬黑 T 干粉指示剂：称取 0.5 g 铬黑 T 干粉与 100 g NaCl 充分混合，研磨后通过 40～50 目筛，盛放在棕色瓶中，紧塞瓶塞，可长期使用。

（3）$NH_3 \cdot H_2O$-NH_4Cl 缓冲溶液：称取 16.9 g 氯化氨（NH_4Cl），溶于 143 ml 浓氨水中，得到溶液 A。另称取 0.780 g 七水合硫酸镁（$MgSO_4 \cdot 7H_2O$）及 1.179 g EDTA 二钠二水合物（$C_{10}H_{14}N_2O_8Na_2 \cdot 2H_2O$），溶于 50 ml 去离子水中，加入 2 ml A 溶液和 0.2 g 左右的铬黑 T 干粉（此时溶液应成紫红色，若为蓝色，应加极少量 $MgSO_4$ 使其呈紫红色）。用 EDTA 二钠标准溶液滴定至溶液由紫红色变为蓝色且 30 s 不褪色，得到溶液 B。合并 A、B 两种溶液，并用去离子水稀释至 250 ml，合并溶液如又变为紫红色，在计算过程中应扣除空白。

（4）10 mmol/L 钙标准溶液：准确称取 0.500 g 分析纯碳酸钙 $CaCO_3$（预先在 105～110℃下干燥 2 h），放入 500 ml 烧杯中，用少量水润湿。逐滴加入 4 mol/L 盐酸至碳酸钙完全溶解。加入 100 ml 水，煮沸数分钟除去 CO_2，冷却至室温。加入数滴甲基红指示剂（0.1 g 溶于 100 ml 60%乙醇中），逐滴加入 3 mol/L 氨水直至变为橙红色，转移至 500 ml 容量瓶中，用蒸馏水定容至刻度。此 1.00 ml 溶液含 1.00 mg $CaCO_3$（即 0.4008 mg，0.01mmol 钙）。

五、实验步骤

1. EDTA 准确浓度的标定

用移液管吸取 25.00 ml 钙标准溶液于 250 ml 锥形瓶中，加入 25 ml 去离子水。再加入 5 ml 缓冲溶液及 0.2 g 铬黑 T 干粉，此溶液应呈紫红色，pH 应为 10.0±0.1。为防止产生沉淀，应立刻在不断振摇下，自滴定管加入 EDTA 二钠标准溶液，开始滴定时速度宜稍快，滴定至溶液由紫红色变为亮蓝色且 30 s 不褪色，计算其准确浓度：

$$c_{EDTA\text{-}2Na} = c_{Ca} \cdot V_{Ca} / V_{EDTA\text{-}2Na}$$

2. 水样的测定

用移液管吸取 50.0 ml 水样（若硬度过大，可取适量水样用去离子水稀释至 50 ml，若硬度过小可改取 100 ml）于 250 ml 锥形瓶中。加入 2.5 ml（若水样体积为 100 ml，加入 5.0 ml）$NH_3 \cdot H_2O$-NH_4Cl 缓冲溶液及 0.2 g 铬黑 T 干粉指示剂，此时溶液应呈紫红或紫色，其 pH 应为 10.0±0.1。为防止产生沉淀，应立即在不断振摇下，用 EDTA 二钠标准溶液滴定，开始滴定时速度宜稍快，接近终点时应稍慢，每滴间隔 2～3 s，并充分振摇，至溶液由紫红色逐渐转为亮蓝色，在最后一点紫的色调消失，刚出现亮蓝色且 30 s 不褪色时即为终点，整个滴定过程应在 5 min 内完成。记录 EDTA 二钠标准溶液消耗的用量。水样做 3 次平行实验，同时做空白。

六、数据记录与处理

将实验结果记录于表 2.5 中。

表 2.5　实验结果记录表

		1	2	3
空白	滴定管始读数/ml			
	滴定管终读数/ml			
	$V_{\text{EDTA-2Na}}$/ml			
	平均值/ml			
自来水	滴定管始读数/ml			
	滴定管终读数/ml			
	$V_{\text{EDTA-2Na}}$/ml			
	平均值/ml			
	总硬度/(mmol/L)			
	总硬度/(mg/L，CaCO₃ 计)			
环境水（表层河水或河涌水）	滴定管始读数/ml			
	滴定管终读数/ml			
	$V_{\text{EDTA-2Na}}$/ml			
	平均值/ml			
	总硬度/(mmol/L)			
	总硬度/(mg/L，CaCO₃计)			

$$总硬度(\text{mmol/L}) = \frac{c \times (V_1 - V_0) \times 1000}{V}$$

$$总硬度(\text{mg/L，CaCO}_3\ 计) = \frac{c \times (V_1 - V_0) \times 100.09 \times 1000}{V}$$

式中，c——EDTA 二钠标准溶液浓度（mol/L）；

V_1——水样 EDTA 二钠标准溶液消耗的体积（ml）；

V_0——空白样品中 EDTA 二钠标准溶液消耗的体积（ml）；

V——水样的体积（ml）；

100.09——碳酸钙的摩尔质量（CaCO₃，g/mol）。

七、注意事项

（1）水样中钙、镁含量较高时，要预先酸化水样，并加热除去 CO_2，以防碱化后生成碳酸盐沉淀，滴定时不易转化。

（2）若水样中含有金属干扰离子使滴定终点延迟或颜色发暗，可另取一份水样，加入 0.5 ml 10%的盐酸羟胺溶液（现用现配）、1 ml 2%的 Na_2S 溶液（掩蔽 Cu^{2+}、Zn^{2+}等重金属离子的干扰）、1 ml 20%的三乙醇胺溶液（掩蔽 Fe^{3+}、Al^{3+}等离子的干扰），再进行滴定。

八、思考题

（1）测定水的硬度时，缓冲溶液中加 Mg-EDTA 盐的作用是什么？对测定有无影响？

（2）缓冲溶液配制时，A、B 两溶液合并若出现紫红色则说明什么？

（3）如何分别求出水样中 Ca^{2+}和 Mg^{2+}的含量？

实验六　水中氯化物的测定——沉淀滴定法

一、实验目的

（1）掌握沉淀滴定法测定水中氯化物含量的原理和方法。

（2）掌握 $AgNO_3$ 标准溶液的配制和标定方法。

二、实验原理

氯离子（Cl^-）是水和废水中一种常见的无机阴离子。几乎所有的天然水中都有氯离子存在，它的含量范围变化很大。在河流、湖泊、沼泽地区，氯离子含量一般较低，而在湖水、盐湖及某些地下水中，含量可高达数十克/升。氯化物有很重要的生理作用及工业用途。水中氯化物含量高时，会损害金属管道和构筑物，并妨碍植物的生长。

在中性至弱碱性范围内（pH = 6.5～10.5），以铬酸钾（K_2CrO_4）为指示剂，用硝酸银标准溶液直接滴定水中的氯化物时，由于氯化银的溶解度小于铬酸银的溶解度，硝酸银首先将水中的氯离子完全沉淀出来，然后硝酸银与铬酸盐反应生成砖红色的铬酸银沉淀，指示滴定终点到达。该沉淀滴定的反应如下：

$$Ag^+ + Cl^- \longrightarrow AgCl\downarrow$$
$$2Ag^+ + CrO_4^{2-} \longrightarrow Ag_2CrO_4\downarrow（砖红色）$$

三、实验仪器

（1）锥形瓶（250 ml）。

（2）滴定管（25 ml），棕色。

（3）移液管（25.00 ml、50.00 ml）。

四、实验试剂

分析中仅使用分析纯试剂、蒸馏水或去离子水。

（1）氯化钠标准溶液（c_{NaCl} = 0.0141 mol/L）相当于 500 mg/L 氯化物含量：将氯化钠（NaCl）置于瓷坩埚内，在 500～600℃下灼烧 40～50 min。在干燥器中冷却后称取 8.2400 g，溶于蒸馏水中，在容量瓶中稀释至 1000 ml。用移液管吸取 10.0 ml，在容量瓶中准确稀释至 100 ml。1.00 ml 此标准溶液含 0.50 mg 氯离子（Cl^-）。

（2）硝酸银标准溶液（c_{AgNO_3}）= 0.0141 mol/L：称取 2.3950 g 于 105℃烘半小时的硝酸银（$AgNO_3$），溶于蒸馏水中，在容量瓶中稀释至 1000 ml，储于棕色瓶中。1.00 ml 此标准溶液相当于 0.50 mg 氯离子（Cl^-）。

（3）铬酸钾溶液（50 g/L，5%）：称取 5 g 铬酸钾（K_2CrO_4），溶于少量蒸馏水中，滴加硝酸银标准溶液至有砖红色沉淀生成。摇匀，静置 12 h，然后过滤，并用蒸馏水将滤液稀释至 100 ml。

（4）高锰酸钾（$c_{1/5KMnO_4}$ = 0.01 mol/L）。

（5）过氧化氢（H_2O_2，30%）。

（6）硫酸溶液（$c_{1/2H_2SO_4}$ = 0.05 mol/L）。

（7）氢氧化钠溶液（c_{NaOH} = 0.05 mol/L）。

（8）乙醇（C_6H_5OH，95%）。

（9）氢氧化铝悬浮液：溶解 125 g 十二水合硫酸铝钾[$KAl(SO_4)_2 \cdot 12H_2O$]于 1 L 蒸馏水中，加热至 60℃，然后边搅拌边缓缓加入 55 ml 浓氨水，放置约 1 h 后，移至大瓶中，用倾泻法反复洗涤沉淀物，直到洗出液不含氯离子为止。用水稀至约 300 ml。

（10）酚酞指示剂：称取 0.5 g 酚酞溶于 50 ml 95%乙醇中。加入 50 ml 蒸馏水，再滴加 0.05 mol/L 氢氧化钠溶液使其呈微红色。

（11）广范 pH 试纸。

五、实验步骤

采集代表性水样，放在干净且化学性质稳定的玻璃瓶或聚乙烯瓶内。保存时不必加入特别的防腐剂。

1. 硝酸银标准溶液的标定

用移液管准确吸取 25.00 ml 氯化钠标准溶液于 250 ml 锥形瓶中，加蒸馏水 25 ml。另取一锥形瓶，量取 50 ml 蒸馏水作空白。各加入 1 ml 5%的铬酸钾溶液，在不断摇动下用硝酸银标准溶液滴定至砖红色沉淀刚刚出现为终点。根据氯化钠的质量和消耗的硝酸银标准溶液的净体积（扣除空白），计算硝酸银标准溶液的浓度。

2. 水样测定

（1）准确吸取 50.00 ml 水样或经过预处理的水样（若氯化物含量高，可取适量水样用蒸馏水稀释至 50 ml），置于锥形瓶中。另取一锥形瓶加入 50 ml 蒸馏水作空白试验。

（2）如水样 pH = 6.5～10.5 时，可直接滴定，超出此范围的水样应以酚酞作指示剂,用稀硫酸或氢氧化钠的溶液调节至红色刚刚褪去。

(3)加入 1 ml 5%的铬酸钾溶液,用硝酸银标准溶液滴定至砖红色沉淀刚刚出现即为滴定终点。

平行测定三次,同法作空白滴定实验。

注意:铬酸钾在水样中的浓度影响终点的到达,在 50~100 ml 滴定液中加入 1 ml 5%铬酸钾溶液,使 CrO_4^{2-} 浓度为 $(2.6 \times 10^{-3}) \sim (5.2 \times 10^{-3})$ mol/L。在滴定终点时,硝酸银加入量略过终点,可用空白测定值消除。

六、数据记录与处理

将实验结果记录于表 2.6 中。

表 2.6　实验结果记录表

		1	2	3
空白	滴定管始读数/ml			
	滴定管终读数/ml			
	V_{AgNO_3}/ml			
	V_1 平均值/ml			
水样	滴定管始读数/ml			
	滴定管终读数/ml			
	V_{AgNO_3}/ml			
	V_2 平均值/ml			

氯化物含量 c(mg/L)按下式计算:

$$c = \frac{(V_2 - V_1) \times M \times 35.45 \times 1000}{V}$$

式中,V_1——空白试验消耗硝酸银标准溶液体积（ml）;

V_2——水样消耗硝酸银标准溶液体积（ml）;

M——硝酸银标准溶液浓度（mol/L）;

V——试样体积（ml）。

七、注意事项

(1)本法适用于天然水中氯化物的测定,也适用于经过适当稀释的高矿化度水如咸水、海水等,以及经过预处理除去干扰物的生活污水或工业废水。适用的浓度范围在 10～500 mg/L,高于此范围的水样经过稀释后可扩大其测量范围。浓度低于 10 mg/L 的样品,其滴定终点不易掌握,宜采用离子色谱法。溴化物、碘化物和氰化物能与氯化物一起被滴定。正磷酸盐及磷酸盐浓度分别超过 250 mg/L 及 25 mg/L 时有干扰。铁浓度超过 10 mg/L 时使终点不明显。

(2)干扰消除方法:如水样浑浊及带有颜色,则取 150 ml 或取适量水样稀释至 150 ml,置于 250 ml 锥形瓶中,加入 2 ml 氢氧化铝悬浮液,振荡过滤,弃去最初滤下的 20 ml,用干的清洁锥形瓶接取滤液备用。如果有机物含量高或色度高,可用马弗炉灰化法预先处理水样。取适量废水样于瓷蒸发皿中,调节 pH 至 8～9,置水浴上蒸干,然后放入马弗炉中在 600℃下灼烧 1 h,取出冷却后,加入 10 ml 蒸馏水,移入 250 ml 锥形瓶中,并用蒸馏水清洗 3 次,一并转入锥形瓶中,调节 pH 到 7 左右,稀释至 50 ml。由于有机质而产生的较轻色度,可以加入 2 ml 0.01 mol/L 高锰酸钾,煮沸。再滴加 95%乙醇以除去多余的高锰酸钾至水样褪色,过滤,滤液储存于锥形瓶中备用。如果水样中含有硫化物、亚硫酸盐或硫代硫酸盐,则加氢氧化钠溶液将水样调至中性或弱碱性,加入 1 ml 30%过氧化氢,摇匀。1 min 后加热至 70～80℃,以除去过量的过氧化氢。

八、思考题

(1)硝酸银标准溶液为什么用棕色试剂瓶,放在暗处保存?

(2)滴定时,为什么要控制指示剂铬酸钾的加入量?

拓展学习:氯离子含量的粗判方法(国标 HJ 828—2017 附录 1)

氯离子含量粗判的目的是用简便快速的方法估算出水样中氯离子的含量,以确定硫酸汞的加入量。

一、溶剂配置

1. 硝酸银溶液(c_{AgNO_3} = 0.141 mol/L)

称取 2.395 g 硝酸银,溶于 100 ml 容量瓶中,储于棕色滴瓶中。

2. 铬酸钾溶液(ρ = 50 g/L)

称取 5 g 铬酸钾,溶于少量蒸馏水中,滴加硝酸银溶液至有红色沉淀生成。摇匀,静置 12 h,然后过滤并用蒸馏水将滤液稀释至 100 ml。

3. 氢氧化钠溶液（$\rho = 10$ g/L）

称取 1 g 氢氧化钠溶于水中，稀释至 100 ml，摇匀，储于塑料瓶中。

二、方法步骤

取 10.0 ml 未加硫酸的水样于锥形瓶中，稀释至 20 ml，用 10 g/L 的氢氧化钠溶液调至中性（pH 试纸判定即可），加入 1 滴 50 g/L 铬酸钾指示剂，用滴管滴加硝酸银溶液，并不断摇匀，直至出现砖红色沉淀，记录滴数，换算成体积，粗略确定水样中氯离子的含量。

为方便快捷地估算氯离子含量，先估算所用滴管滴下每滴液体的体积，根据化学分析中每滴体积（如下按 0.04 ml 给出示例）计算给出氯离子含量与滴数的粗略换算表。（表 2.7）

表 2.7　氯离子含量与滴数的粗略换算表

水样取样量/ml	氯离子测试浓度值/(mg/L)			
	滴数：5	滴数：10	滴数：20	滴数：50
2	501	1001	2003	5006
5	200	400	801	2001
10	100	200	400	1001

三、注意事项

（1）水样取样量大或氯离子含量高时，比较易于判断滴定终点，粗判误差相对较小。

（2）硝酸银溶液浓度比较高，滴定操作一般会过量，测定的氯离子结果会大于理论浓度，由此会增加测定中硫酸汞的用量，但其对 COD_{Cr} 的测定无不利影响。

实验七　水质高锰酸盐指数（COD_{Mn}）的测定——酸性法

高锰酸盐指数是指在一定条件下，以高锰酸钾为氧化剂，处理水样时所消耗的量，以氧的 mg/L 来表示。水中的亚硝酸盐、亚铁盐、硫化物等还原性无机物和在此条件下可被氧化的有机物，均可消耗高锰酸钾。因此，高锰酸盐指数常被作为水体受还原性有机（和无机）物质污染程度的综合指标。

高锰酸盐指数也被称为化学需氧量的高锰酸钾法。由于在规定条件下，水中有机物只能部分被氧化，易挥发的有机物也不包含在测定值之内，因此高锰酸盐指数并不是理论上的需氧量，也不是反映水体中总有机物含量的尺度，用这一术语作为水质的一项指标，有别于重铬酸钾法的化学需氧量，更符合于客观实际，更适用于地表水和饮用水。

一、实验目的

（1）了解高锰酸盐指数的定义。

（2）掌握氧化还原滴定法测定水质高锰酸盐指数的原理和方法。

二、实验原理

水样加入硫酸呈酸性后，再加入一定量的高锰酸钾溶液，并在沸水浴中加热反应一定的时间。剩余的高锰酸钾用过量的草酸钠溶液还原，再用高锰酸钾溶液回滴过量的草酸钠，通过计算求出高锰酸盐指数数值。

高锰酸盐指数是一个相对的条件性指标，其测定结果与溶液的酸度、高锰酸盐浓度、加热温度和时间有关。因此，测定时必须严格遵守操作规定，使结果具有可比性。

$$4MnO_4^- + 5C + 12H^+ \Longrightarrow 4Mn^{2+} + 5CO_2\uparrow + 6H_2O$$
$$2MnO_4^- + 16H^+ + 5C_2O_4^{2-} \Longrightarrow 2Mn^{2+} + 8H_2O + 10CO_2\uparrow$$

三、实验仪器

（1）沸水浴装置。

（2）酸式滴定管（25.00 ml）。

（3）锥形瓶（250 ml）。

（4）容量瓶（100.0 ml）。

（5）量筒（100 ml）。

（6）定时钟及其他常用的实验室仪器。

四、实验试剂

（1）高锰酸钾溶液（$c_{1/5KMnO_4}$ = 0.1 mol/L）：称取 3.2 g 高锰酸钾溶于 1.2 L 水中，加玻璃珠若干，加热煮沸 10 min，使体积减小到约 1 L，放置过夜，倾出上清液，于棕色瓶中保存。

（2）高锰酸钾溶液（$c_{1/5KMnO_4}$ = 0.01 mol/L）：吸取 100 ml 上述高锰酸钾溶液，用水稀释至 1000 ml，储于棕色瓶中。使用当天应进行标定，并调节至 0.01 mol/L 准确浓度。

（3）（1 + 3）硫酸（25%）。在不断搅拌下将 100 ml 浓硫酸沿杯壁缓慢加入到 300 ml 的蒸馏水中。配制时趁热滴加高锰酸钾溶液至呈微红色。

（4）草酸钠标准溶液（$c_{1/2Na_2C_2O_4}$ = 0.100 mol/L）：称取 0.6705 g 在 105～110℃ 烘干 1 h 并冷却的草酸钠，溶于水，移入 100 ml 容量瓶中，用水稀释至刻度线。

（5）草酸钠标准溶液（$c_{1/2Na_2C_2O_4}$ = 0.0100 mol/L）：吸取 10.00 ml 上述草酸钠标准溶液，移入 100 ml 容量瓶中，用水稀释至刻度线。

五、实验步骤

（1）用量筒分别取 100.0 ml、50.0 ml、20.0 ml、10.0 ml 经充分摇动混合均匀的样品（不足 100.0 ml 的用水稀释至 100.0 ml），置于 250 ml 锥形瓶中。

（2）加入 5 ml（1 + 3）硫酸，摇匀。

（3）加入 10.00 ml 0.01 mol/L 高锰酸钾溶液，摇匀，立刻放入沸水浴（98℃）中加热（30±2）min（从水浴重新沸腾起计时）。沸水浴液面要高于反应溶液的液面。

（4）取下锥形瓶，观察各个锥形瓶中溶液颜色，若水样的高锰酸盐指数大于 5 mg/L，则 100.00 ml 取样锥形瓶中的溶液应无色，表明水样需要稀释，依次观察其他取样体积的锥形瓶中的溶液颜色，根据颜色深浅确定水样的大致稀释倍数。

（5）在上述预实验的基础上，重新取一定体积的水样（V）于 100.0 ml 容量瓶中，定容到刻度线。再倒入 250 ml 锥形瓶中。水样经稀释时，应同时另取 100.0 ml 蒸馏水，同水样操作步骤进行空白试验，记录高锰酸钾溶液消耗量 V_0。

（6）重复上述步骤（2）和步骤（3）的操作。

（7）取下锥形瓶，趁热加入 10.00 ml 0.0100 mol/L 草酸钠标准溶液，摇匀。立即用 0.01 mol/L 高锰酸钾溶液滴定至显微红色，并保持 30 s 不褪色，记录高锰酸钾溶液消耗量 V_1。

（8）高锰酸钾溶液浓度的标定：将上述已滴定完毕的溶液准确加入 10.00 ml 草酸钠标准溶液（$c_{1/2Na_2C_2O_4} = 0.0100$ mol/L），再加热至约 80℃，再用 0.01 mol/L 高锰酸钾溶液滴定至显微红色。记录高锰酸钾溶液消耗量 V_2，按下式求得高锰酸钾溶液的校正系数

$$K = 10.00/V_2$$

式中，V_2——高锰酸钾溶液消耗的体积（ml）。

六、数据记录与处理

1. 水样不经稀释

$$高锰酸钾指数（O_2，mg/L）= \frac{[(10+V_1)K-10] \times c \times 1000 \times 8}{100}$$

式中，V_1——滴定水样时，高锰酸钾溶液消耗的体积（ml）；

K——校正系数；

c——草酸钠溶液浓度（$1/2Na_2C_2O_4$，mol/L）；

8——氧（$1/2O$）的摩尔质量。

2. 水样经稀释

$$高锰酸钾指数（O_2，mg/L）= \frac{\{[(10+V_1)K-10]-[(10+V_0)K-10] \times f\} \times c \times 1000 \times 8}{V}$$

式中，V_0——空白试验中高锰酸钾溶液消耗量（ml）；

V——分取水样（ml）；

f——稀释水样中含水的比值，例如，10.0 ml 水样用 90.0 ml 水稀释至 100 ml，则 $f = 0.90$。

七、注意事项

（1）水样采集后，应加入硫酸使 pH<2，以抑制微生物活动。样品应尽快分析，必要时，应在 1~5℃冷藏保存，并在 48 h 内测定。

（2）实验用水应该为不含有机物的蒸馏水或同等纯度的水，不得使用去离子

水。因为去离子水虽然经过离子交换除去了大部分盐类、碱和游离酸，但不能完全除去有机物，如果使用含有机物的去离子水配制高锰酸钾溶液，会使空白值偏高，从而影响样品的测定。

（3）在水浴中加热完毕后，溶液仍保持淡红色，如变浅或全部褪去，说明高锰酸钾的用量不够。此时，应将水样稀释倍数加大后再测定，使加热氧化后残留的高锰酸钾为其加入量的 1/3～1/2 为宜。

（4）在酸性条件下，草酸钠和高锰酸钾的反应温度应保持在 60～80℃，所以滴定操作必须趁热进行，若溶液温度过低，需适当加热。

（5）本方法适用于饮用水、水源水和地面水的测定，测定范围为0.5～4.5 mg/L，对污染较重的水（高锰酸盐指数数值超过5 mg/L 时），可酌情少取水样经稀释后再测定。

（6）酸性法适用于氯离子含量不超过 300 mg/L 的水样，氯离子含量超过 300 mg/L 的水样用碱性法进行测定。采用氢氧化钠作为介质进行水样处理，使高锰酸钾在碱性介质中氧化样品中的某些有机物及无机还原性物质。吸取 100.0 ml 样品（或适量，用水稀释至 100 ml），置于 250 ml 锥形瓶中，加入 0.5 ml 500 g/L 的氢氧化钠，摇匀，用滴定管加入 10.00 ml 高锰酸钾溶液，将锥形瓶置于沸水浴中（30±2）min（水浴沸腾，开始计时）。取出后，加入（10±0.5）ml（1＋3）硫酸，摇匀，按酸性法步骤进行。

八、思考题

（1）在进行高锰酸钾溶液浓度的标定时，为什么不另外单独标定，而要按照实验步骤第（8）步进行？

（2）高锰酸盐指数测定为什么要先加入过量的高锰酸钾，再加入等量的草酸钠标准溶液，最后再用高锰酸钾滴定剩余的草酸钠来测定，而不是直接用草酸钠滴定过量的高锰酸钾？

实验八　水质化学需氧量（COD$_{Cr}$）的测定——快速消解法

化学需氧量（COD）是指在一定条件下，采用一定的强氧化剂处理水样时，所消耗的氧化剂量相当的氧量，以氧的 mg/L 来表示。化学需氧量反映了水中受还原性物质污染的程度，水中还原性物质包括有机物、亚硝酸盐、亚铁盐、硫化物等（主要是有机物），因此化学需氧量也作为衡量水中有机物相对含量多少的指标之一。但它只能反映能被化学氧化剂氧化的有机物污染，不能反映多环芳烃、多氯联苯、二噁英类等的污染状况。化学需氧量越大，说明水体受有机物的污染越严重。

水样化学需氧量的测定，可因加入氧化剂的种类及浓度、反应溶液的酸度、反应温度和时间，以及催化剂的有无而获得不同的结果。因此，化学需氧量亦是一个条件性指标，测定时必须严格按操作步骤进行。

目前，COD 测定最普遍的方法是酸性高锰酸钾（KMnO$_4$）氧化法与重铬酸钾（K$_2$Cr$_2$O$_7$）氧化法。高锰酸钾氧化法又称高锰酸盐指数，氧化率较低，但比较简便，在测定水样中有机物含量的相对比较值时可以采用（实验七）。重铬酸钾氧化法氧化率高，再现性好，适用于测定水样中有机物的总量。对于高氯废水，化学需氧量的测定有碘化钾碱性高锰酸钾法和氯气校正法。通常所说的化学需氧量指的是 COD$_{Cr}$，即重铬酸钾氧化法测得的 COD（本实验）。

一、实验目的

（1）理解化学需氧量及 COD$_{Cr}$ 的含义，了解化学需氧量测定的不同方法。

（2）掌握重铬酸钾快速消解法测定水中化学需氧量的原理和方法。

二、实验原理

COD$_{Cr}$ 是指在一定条件下，经重铬酸钾氧化处理时，水样中的溶解性物质和悬浮物所消耗的重铬酸盐相对应的氧的质量浓度，以 mg/L 表示。COD$_{Cr}$ 测定的经典方法是重铬酸钾加热回流法 [《水质 化学需氧量的测定 重铬酸盐法》（GB 828—2017）]，该法是在水样中加入已知量的重铬酸钾溶液，并在强酸介质下以银盐作催化剂（可使直链脂肪族化合物有效地被氧化），经沸腾回流 2 h 后，以试亚铁灵为指示剂，用硫酸亚铁铵滴定水样中未被还原的重铬酸钾，将消耗的硫酸亚铁铵的量换算成消耗氧的质量浓度。但该法耗时较长，也不便于批量操作。后来发现在经典重铬酸钾-硫酸消解体系中加入助催化剂硫酸铝钾与钼酸铵，并使消解过程在加压密封下进行，可大大缩短消解时间，重铬酸钾快速消解法诞生。消解后测定化学需氧量既可以采用滴定法，亦可采用分光光度法。

重铬酸钾快速消解法可以测定地表水、生活污水、工业废水（包括高盐废水）的化学需氧量。因水样的化学需氧量有高有低，在消解时应选择不同浓度的消解液（表 2.8）。

表 2.8　不同 COD_{Cr} 水样的消解液浓度

COD_{Cr}/(mg/L)	<50	50～1000	1000～2500
消解液中重铬酸钾浓度/(mol/L)	0.05	0.2	0.4

此外，COD_{Cr} 的测定也有库仑法、节能加热法和针对高氯废水的碘化钾碱性高锰酸钾法 [《高氯废水　化学需氧量的测定　碘化钾碱性高锰酸钾法》（HJ/T 132—2003）] 和氯气校正法 [《高氯废水　化学需氧量的测定　氯气校正法》（HJ/T 70—2001）] 等。

三、实验仪器

（1）具密封塞的加热管（25 ml）。
（2）酸式滴定管（25 ml）。
（3）锥形瓶（250 ml）。
（4）多功能消解仪。
（5）分光光度计（分光光度法时采用）。

四、实验试剂

除另有说明外，所有试剂均为分析纯试剂。

（1）重铬酸钾标准溶液（$c_{1/6K_2CrO_7} = 0.2500$ mol/L）：将 K_2CrO_7 于 120℃ 烘干 2 h，称取 6.1288 g，用少量水溶解，移入 500.0 ml 容量瓶，用水稀释至刻度线，摇匀。此标准溶液用于硫酸亚铁铵标准溶液的标定。

（2）硫酸亚铁铵标准溶液 [$c_{(NH_4)_2Fe(SO_4)_2·6H_2O} = 0.1000$ mol/L]：称取 39.2 g $(NH_4)_2Fe(SO_4)_2·6H_2O$ 溶解于少许水中，边搅拌边沿杯壁缓慢加入 20.0 ml 浓硫酸，冷却后移入 1000.0 ml 容量瓶中，用水稀释至刻度线，临用前用重铬酸钾标准溶液标定。

（3）消解液：称取 19.60 g 重铬酸钾、50.0 g 硫酸铝钾、10.0 g 钼酸铵、溶解于 500 ml 水中，边搅拌边沿杯壁缓慢加入 200 ml 浓硫酸，冷却后，转移至

1000 ml 容量瓶中，用水稀释至刻度线。该溶液重铬酸钾浓度约为 0.4 mol/L（$c_{1/6K_2CrO_7} = 0.4$ mol/L）。

另外，分别称取 9.8 g、2.45 g 重铬酸钾（硫酸铝钾、钼酸铵称取量同上），按上述方法分别配制重铬酸钾浓度约为 0.2 mol/L、0.05 mol/L 的消解液，用于测定不同水样的 COD_{Cr}。

（4）H_2SO_4-Ag_2SO_4 催化剂溶液（1%）：称取 10 g 分析纯 Ag_2SO_4，溶解于 1000 ml 浓硫酸中，需放置 2 d 溶解，期间摇匀，待用。

（5）试亚铁灵指示剂：称取 0.695 g $Fe(SO_4)_2 \cdot 7H_2O$（分析纯）和 1.485 g 一水合邻菲啰啉溶于水中，稀释至 100 ml，储存于棕色瓶中待用。

（6）掩蔽剂：称取 10.0 g $HgSO_4$（分析纯），溶解于 100 ml 质量分数为 10% 的硫酸中。

五、实验步骤

1. 硫酸亚铁铵的标定

取 10.0 ml 重铬酸钾标准溶液（$c_{1/6K_2CrO_7} = 0.2500$ mol/L），加水约 90 ml，再加 30 ml 浓 H_2SO_4（含 1%硫酸银），混匀冷却，加 3 滴试亚铁灵，用硫酸亚铁铵溶液滴定，溶液颜色由黄色经蓝绿色变为红褐色即为终点，消耗量为 V。用下式可计算出硫酸亚铁铵的准确浓度。

$$c_{(NH_4)_2Fe(SO_4)_2 \cdot 6H_2O} = (10.0 \times 0.2500) / V$$

2. 水样的采集与保存

水样采集后，用浓硫酸将 pH 调至 2 以下，以抑制微生物活动。样品应尽快分析，必要时应在 4℃冷藏保存，并在 48 h 内测定。

3. 水样的测定

准确吸取 3.00 ml 水样，置于 25 ml 具密封塞的加热管中，加入 1 ml 掩蔽剂，混匀。然后加入 3 ml 消解液和 5 ml H_2SO_4-Ag_2SO_4 催化剂溶液，旋紧密封塞，混匀。接通多功能消解仪电源，待温度达到 165℃时，再将加热管放入加热器中，打开计时开关，经 7 min，待液体也达到 165℃时，加热器会自动复零计时。加热器工作 15 min 之后会自动报时。取出加热管，冷却后，将溶液倒入 250 ml 锥形瓶中，用 20 ml 蒸馏水少量多次润洗加热管内壁，加试亚铁灵指示剂 2 滴，用硫酸亚铁铵标准溶液滴定，溶液由黄色变为蓝绿色，直到红褐色刚出现（30 s 不褪色）为终点。

4. 空白值的测定

另取 3.00 ml 蒸馏水代替水样，其他操作与测定水样相同，做空白试验。

5. 质控样的测定

质控样是由邻苯二甲酸氢钾配制的化学需氧量标准液制得。质控样的测定结果可以作为样品分析准确性的判断依据。另取 3.00 mL 质控样代替水样，其他操作与测定水样相同。

六、数据记录与处理

1. 实验结果记录

将实验结果记录于表 2.9 中。

表 2.9　实验结果记录表

水样类型	空白	水样	质控样
滴定管始读数/ml			
滴定管终读数/ml			
$V_{(NH_4)_2Fe(SO_4)_2 \cdot 6H_2O}$ /ml			
COD_{Cr}/(mg/L)			

2. 计算方法

水样的化学需氧量以 mg/L 计，计算公式如下：

$$COD_{Cr}(mg/L) = \frac{c(V_0 - V_1) \times 8000}{V}$$

式中，c——硫酸亚铁铵标准滴定溶液的浓度（mol/L）；

V_0——空白试验所消耗的硫酸亚铁铵标准滴定溶液的体积（ml）；

V_1——水样测定所消耗的硫酸亚铁铵标准滴定溶液的体积（ml）；

V——水样的体积（ml）；

8000——$1/4O_2$ 摩尔质量以 mg/L 为单位的换算值。

测定结果一般保留 3 位有效数字，对 COD_{Cr} 值小于 50 m/L 的水样，当计算出 COD_{Cr} 值小于 10 mg/L 时，应表示为 $COD_{Cr} < 10$ mg/L。

七、注意事项

（1）该方法的主要干扰物为氯化物，氯离子能被重铬酸盐氧化，并且能与硫酸银作用产生沉淀，影响测定结果，故在消解前向水样中加入硫酸汞掩蔽剂，与氯离子结合成可溶性的氯汞络合物，从而消除干扰。当氯离子含量超过 1000 mg/L 时，COD_{Cr} 的最低允许值为 250 mg/L，若低于此值，结果的准确度就不可靠。一般情况下，氯离子含量高于 1000 mg/L 的水样应先作定量稀释，使含量降低至 1000 mg/L 以下，再行测定。因此测定高氯水样时，水样取完后，一定要先加掩蔽剂而后再加其他试剂，次序不能颠倒。若出现沉淀时，说明掩蔽剂的加入量不够，可适当增加掩蔽剂加入量。掩蔽剂硫酸汞溶液的用量可根据水样中氯离子的含量，按质量比 $m[HgSO_4]：m[Cl^-] \geqslant 20：1$ 的比例加入，最大加入量为 2 ml（按照氯离子最大允许浓度 1000 mg/L 计）。水样中氯离子的含量可采用 GB 11896—1989 或国标 HJ 828—2017 附录 A 进行测定或粗略判定，也可测定电导率后按照 HJ 506—2009 附录 A 进行换算，或参照 GB 17378.4—2007 测定盐度后进行换算。

（2）为了提高分析的精密度与准确度，在分析低 COD_{Cr} 水样时，测定用的硫酸亚铁铵标准溶液要进行适当的稀释。本分析方法对于 COD_{Cr} 为 10 mg/L 左右的样品，一般相对标准偏差可保持在 10%左右；对于 COD_{Cr} 为 5 mg/L 的样品，仍可进行分析测定，但相对标准偏差会超过 15%。

（3）对于 COD_{Cr} 为 50 mg/L 以上的水样，若经消解后水样为无色，且没有悬浮物时，也可以用分光光度法进行测定，操作方法如下：

①标准曲线的绘制：称取 0.852 g 邻苯二甲酸氢钾（基准试剂），用重蒸馏水溶解后，转移至 1000 ml 容量瓶中，用二次蒸馏水稀释至刻度线。此标准储备液 COD_{Cr} 为 1000 mg/L。分别取上述标准储备液 5 ml、10 ml、20 ml、40 ml、60 ml、80 ml 于 100 ml 容量瓶中，加水稀释至刻度线，可得到 COD_{Cr} 分别为 50 mg/L、100 mg/L、200 mg/L、400 mg/L、600 mg/L、800 mg/L 及原液为 1000 mg/L 的标准使用液系列。然后按滴定法操作取样并进行消解。消解完毕后，打开加热管的密封塞，用吸量管加入 3.0 ml 蒸馏水，盖好密封塞，摇匀冷却后，将溶液倒入 1 cm 比色皿中（空白按全过程操作），在 600 nm 处以试剂空白为参比，读取吸光度。绘制标准曲线，并求出回归方程。

②样品测定：准确吸取 3 ml 水样，置于 25 ml 具密封塞的加热管中，加入 1 ml 掩蔽剂，混匀。然后再加入 3 ml 消解液和 5 ml H_2SO_4-Ag_2SO_4 催化剂溶液。旋紧密封塞，混匀。将加热管置于加热器中进行消解，消解后的操作与标准曲线绘制操作相同，读取吸光度，按下式计算 COD_{Cr}：

$$CODCr(O_2，mg/L) = A \cdot F \cdot K$$

式中，A——样品的吸光度；

　　F——稀释倍数；

　　K——标准曲线的斜率，即 $A = 1$ 时样品的 $CODCr$。

八、思考题

（1）水质高锰酸盐指数与 $CODCr$ 有何异同？

（2）$CODCr$ 的计算公式中，为什么用空白滴定的体积（V_0）减去水样滴定的体积（V_1）？

（3）实验过程是否可以先加消解液和催化剂，再加掩蔽剂？为什么？

拓展学习：COD 测定——重铬酸盐法（HJ828—2017）

一、适用范围

本标准规定了测定水中化学需氧量的重铬酸盐法，适用于地表水、生活污水和工业废水中化学需氧量的测定，不适用于含氯化物浓度大于 1000 mg/L（稀释后）的水中化学需氧量的测定。

当取样体积为 10.0 ml 时，本方法的检出限为 4 mg/L，测定下限为 16 mg/L。未经稀释的水样测定上限为 700 mg/L，超过此限时须稀释后测定。

二、方法原理

在水样中加入已知量的重铬酸钾溶液，并在强酸介质下以银盐作催化剂，经沸腾回流后，以试亚铁灵为指示剂，用硫酸亚铁铵滴定水样中未被还原的重铬酸钾，由消耗的重铬酸钾的量计算出消耗氧的质量浓度。

在酸性重铬酸钾条件下，芳烃及吡啶难以被氧化，其氧化率较低。在硫酸银催化作用下，直链脂肪族化合物可有效地被氧化。无机还原性物质如亚硝酸盐、硫化物和二价铁盐等将使测定结果增大，其需氧量也是 $CODCr$ 的一部分。

三、干扰和消除

该方法的主要干扰物为氯化物，氯离子能被重铬酸盐氧化，并且能与硫酸银作用产生沉淀，影响测定结果，故在回流前向水样中加入硫酸汞，经回流后，氯离子可与结合成可溶性的氯汞络合物，从而消除干扰。硫酸汞溶液的用量可根据水样中氯离子的含量，按质量比 $m[HgSO_4]：m[Cl^-] \geqslant 20：1$ 的比例加入，最大加入量为 2 ml（按照氯离子最大允许浓度 1000 mg/L 计）。水样中氯离子的含量可采用 GB 11896—1989 或 HJ 828—2017 附录 A 进行测定或粗略判定，也可测定电导率后按照 HJ 506—2009 附录 A 进行换算，或参照 GB 17378.4—2017 测定盐度后进行换算。

四、试剂和材料

除非另有说明，实验时所用试剂均为符合国家标准的分析纯试剂，实验用水均为新制备的超纯水、蒸馏水或同等纯度的水。

1. 重铬酸钾标准溶液

（1）浓度 $c_{1/6K_2Cr_2O_7} = 0.250$ mol/L 的重铬酸钾标准溶液：将重铬酸钾基准试剂在 105℃干燥至恒重，准确称取 12.258 g 溶于水中，定容至 1000 ml。

（2）浓度 $c_{1/6K_2Cr_2O_7} = 0.0250$ mol/L 的重铬酸钾标准溶液：将 0.250 mol/L 重铬酸钾标准溶液稀释 10 倍。

2. 硫酸银-硫酸溶液

向 1 L 优级纯硫酸（H_2SO_4，$\rho = 1.84$ g/ml）中加入 10 g 硫酸银（Ag_2SO_4），放置 1～2 天使之溶解，并混匀，使用前小心摇匀。

3. 硫酸汞溶液（$\rho = 100$ g/L）

称取硫酸汞（$HgSO_4$）10 g，溶于 100 ml（1+9）（V/V）的硫酸溶液中，混匀。

4. 硫酸亚铁铵标准溶液

1）浓度 $c_{(NH_4)_2Fe(SO_4)_2 \cdot 6H_2O} \approx 0.05$ mol/L

称取 19.5 g 硫酸亚铁铵[$(NH_4)_2Fe(SO_4)_2 \cdot 6H_2O$]于少许水中，边搅拌边沿器壁缓慢加入 10 ml 优级纯硫酸，待溶液冷却后稀释至 1000 ml。临用前，必须用 0.250 mol/L 的重铬酸钾标准溶液准确标定此溶液的浓度，标定时应做平行双样。

取 5.00 ml 0.250 mol/L 重铬酸钾标准溶液置于锥形瓶中，用水稀释到约 50 ml，边搅拌边沿器壁缓慢加入 15 ml 优级纯硫酸，混匀，冷却后，加 3 滴（约 0.15 ml）试亚铁灵指示剂，用该硫酸亚铁铵标准溶液滴定，溶液的颜色由黄色经蓝绿色变为红褐色，即为终点。记录硫酸亚铁铵溶液的消耗量 V（ml）。

硫酸亚铁铵标准溶液浓度的计算：

$$c_{(NH_4)_2Fe(SO_4)_2\cdot 6H_2O}(mol/L) = \frac{5.00\ ml \times 0.250\ mol/L}{V}$$

式中，V——滴定时消耗硫酸亚铁铵溶液的体积（ml）。

2）浓度 $c_{(NH_4)_2Fe(SO_4)_2\cdot 6H_2O} \approx 0.005\ mol/L$

将 0.050 mol/L 的硫酸亚铁铵标准溶液稀释 10 倍，用 0.0250 mol/L 的重铬酸钾标准溶液标定，其滴定步骤及浓度计算与上述方法类同。

5. 邻苯二甲酸氢钾标准溶液（$c_{KHC_8H_4O_4} = 2.0824\ mol/L$）

称取 105℃时干燥 2 h 的邻苯二甲酸氢钾（KHC$_8$H$_4$O$_4$）0.4251 g 溶于水，并稀释到 1000 ml，混匀。以重铬酸钾为氧化剂，将邻苯二甲酸氢钾完全氧化的 COD$_{Cr}$ 值为 1.176 g 氧/克（即 1 g 邻苯二甲酸氢钾耗氧 1.176 g），故该标准溶液的理论 COD$_{Cr}$ 值为 500 mg/L。

6. 试亚铁灵指示剂溶液

1,10-菲啰啉（1,10-phenanathroline monohy drate，商品名为邻菲啰啉、邻二氮菲等）指示剂溶液。

溶解 0.7 g 七水合硫酸亚铁（FeSO$_4$·7H$_2$O）于 50 ml 水中，加入 1.5 g 1,10-菲啰啉(C$_{12}$H$_8$N$_2$·H$_2$O)，搅动至溶解，加水稀释至 100 ml，储存于棕色瓶内。

五、仪器和设备

（1）回流装置（图 2.3）：带 250 ml 磨口锥形瓶的全玻璃回流装置，可选用水冷或风冷全玻璃回流装置，其他等效冷凝回流装置亦可。

（2）加热装置（图 2.3）：电炉或其他等效消解装置。

图 2.3　COD$_{Cr}$ 测定回流及加热装置

（3）分析天平：感量为 0.0001 g。

（4）25 ml 或 50 ml 酸式滴定管、锥形瓶、移液管容量瓶等。

（5）防爆沸玻璃珠等一般实验室常用仪器和设备。

六、样品

按照 HJ/T 91 的相关规定进行水样的采集和保存。采集水样的体积不得少于
100 ml。采集的水样应置于玻璃瓶中，并尽快分析。如不能立即分析时，应加入
硫酸至 pH<2，置于 4℃下保存，保存时间不超过 5 d。

七、分析步骤

1. COD_{Cr} 浓度≤50 mg/L 的水样

1）样品测定

取 10.0 ml 水样于锥形瓶中，依次加入硫酸汞溶液、0.0250 mol/L 的重铬酸钾
标准溶液 5.00 ml 和几颗防爆沸玻璃珠，摇匀。硫酸汞溶液按质量比 $m(HgSO_4)$：
$m(Cl^-)$≥20：1 的比例加入，最大加入量为 2 ml。

将锥形瓶连接到回流装置冷凝管下端，从冷凝管上端缓慢加入 15 ml 硫酸银-硫
酸溶液，以防止低沸点有机物逸出，不断旋动锥形瓶使之混合均匀。自溶液开始沸
腾起保持微沸回流 2 h。若为水冷装置，应在加入硫酸银-硫酸溶液之前，通入冷凝水。

回流冷却后，自冷凝管上端加入 45 ml 水冲洗冷凝管，取下锥形瓶。

溶液冷却至室温后，加入 3 滴试亚铁灵指示剂溶液，用 0.005 mol/L 硫酸亚铁
铵标准溶液滴定，溶液的颜色由黄色经蓝绿色变为红褐色即为终点。记录硫酸亚
铁铵标准溶液的消耗体积 V_1。

注意：样品浓度低时，取样体积可适当增加，同时其他试剂量也应按比例
增加。

2）空白试验

按照上面的步骤，以 10.0 ml 的实验用水代替水样进行空白试验，记录空白滴
定时消耗硫酸亚铁铵标准溶液的体积 V_0。空白试验中硫酸银-硫酸溶液和硫酸汞
溶液的用量应与样品中的用量保持一致。

2. COD_{Cr} 浓度>50mg/L 的水样

1）样品测定

取 10.0 ml 水样于锥形瓶中，依次加入硫酸汞溶液、0.250 mol/L 的重铬酸钾

标准溶液 5 ml 和几颗防爆沸玻璃珠，摇匀。其他操作与步骤 1 中的样品测定相同。

待溶液冷却至室温后，加入 3 滴试亚铁灵指示剂溶液，用 0.05 mol/L 硫酸亚铁铵标准溶液滴定，溶液的颜色由黄色经蓝绿色变为红褐色即为终点。记录硫酸亚铁铵标准溶液的消耗体积 V_1。

对污染严重的水样，可选取所需体积 1/10 的水样放入硬质玻璃管中，加入 1/10 的试剂，摇匀后加热至沸腾数分钟，观察溶液是否变蓝绿色。如果呈现蓝绿色，应再适当少取水样，直至溶液不变蓝绿色为止，从而可以确定待测水样的稀释倍数。

2）空白试验

按照上面的步骤，以 10 ml 的实验用水代替水样进行空白试验，记录空白滴定时消耗硫酸亚铁铵标准溶液的体积 V_0。

八、数据记录与处理

1. 结果计算

以 mg/L 计水样的化学需氧量，计算公式如下：

$$\mathrm{COD_{Cr}(mg/L)} = \frac{c(V_0 - V_1) \times 8000}{V} \times f$$

式中，c——硫酸亚铁铵标准滴定溶液的浓度（mol/L）；

V_0——空白试验所消耗的硫酸亚铁铵标准溶液的体积（ml）；

V_1——水样测定所消耗的硫酸亚铁铵标准溶液的体积（ml）；

V——加热回流时所取水样的体积（ml）；

f——样品稀释倍数；

8000——1/4 O_2 摩尔质量以 mg/L 为单位的换算值。

2. 结果表示

当 $\mathrm{COD_{Cr}}$ 测定结果小于 100 mg/L 时保留至整数位；当测定结果大于或等于 100 mg/L 时保留三位有效数字。

实验九　水中溶解氧（DO）的测定——碘量法

一、实验目的

（1）掌握测定水中溶解氧的水样采集和溶解氧固定方法。
（2）掌握碘量法测定生活饮用水及水源水中溶解氧的原理和方法。

二、实验原理

溶解氧是水质综合指标之一，指溶于水中的氧，用 DO 表示，单位为 mg O$_2$/L。水中溶解氧的测定，一般用碘量法。在水中加入硫酸锰及氢氧化钠溶液，生成氢氧化锰沉淀。氢氧化锰性质极不稳定，迅速与水中溶解氧反应生成水合氧化锰 [MnO(OH)$_2$]，为棕色沉淀，水中的溶解氧得以固定：

$$2MnSO_4 + 4NaOH == 2Mn(OH)_2\downarrow（白色）+ 2Na_2SO_4$$
$$2Mn(OH)_2 + O_2 == 2MnO(OH)_2\downarrow（棕色）$$

在酸性（浓硫酸）条件下，棕色沉淀[MnO(OH)$_2$]与碘化钾发生反应析出等化学计量的碘。溶解氧越多，析出的碘也越多，溶液的颜色也就越深。

$$MnO(OH)_2 + 2I^- + 4H^+ == Mn^{2+} + I_2 + 3H_2O$$

以淀粉做指示剂，用标准硫代硫酸钠溶液进行滴定，蓝色消失指示达到终点。根据 Na$_2$S$_2$O$_3$ 标准溶液的消耗量，可以计算出 DO 的含量。

$$I_2 + 2Na_2S_2O_3 == 2NaI + Na_2S_4O_6$$

综上，根据反应的电子平衡，总计量关系为

$$1/2O_2 \sim I_2 \sim 2Na_2S_2O_3$$

三、实验仪器

（1）溶解氧瓶（250 ml）。
（2）酸式滴定管（25 ml）。
（3）锥形瓶（250 ml）。
（4）采样用乳胶管。

四、实验试剂

（1）浓硫酸 H$_2$SO$_4$（1.84 g/ml）。

（2）硫酸锰溶液：称取 480 g 四水合硫酸锰（$MnSO_4 \cdot 4H_2O$）或 400 g 二水合硫酸锰（$MnSO_4 \cdot 2H_2O$）溶于去离子水中，过滤并稀释至 1000 ml。

（3）碱性碘化钾溶液：称取 500 g NaOH 溶于 300～400 ml 去离子水中，冷却。另称取 150 g KI 溶于 200 ml 去离子水中。待 NaOH 溶液冷却后，将两溶液合并混匀，用去离子水稀释至 1000 ml。静置 24 h 后取上清液储存于塞紧的细口棕色瓶中备用。注意：需用橡皮塞塞紧，避光保存；此溶液酸化后，遇淀粉应不呈蓝色。

（4）1%淀粉溶液：称取 1 g 可溶性淀粉，用少量纯水调成糊状，用刚煮沸的水冲稀至 100 ml。冷却后，加入 0.1 g 水杨酸或 0.4 g $ZnCl_2$ 防腐。

（5）0.0250 mol/L($1/6K_2Cr_2O_7$)重铬酸钾标准溶液：称取 1.2258 g 于 105～110℃烘干 2 h 并冷却的 $K_2Cr_2O_7$ 溶于去离子水中，转移至 1000 ml 容量瓶中，用水稀释至刻线，摇匀。

（6）硫代硫酸钠标准滴定液(约 0.025 mol/L)：称取 6.25 g 硫代硫酸钠（$Na_2S_2O_3 \cdot 5H_2O$），溶于 1000 ml 煮沸放凉的去离子水中，加入 0.4 g NaOH 或 0.2 g Na_2CO_3，储于棕色玻璃瓶中。注意：此溶液需每两周配制一次，每次使用前需进行准确浓度的标定。

硫代硫酸钠准确浓度的标定方法：在锥形瓶中加入 100 ml 去离子水和 1 g 碘化钾 KI，用移液管吸取 10.00 ml 标准溶液（0.0250 mol/L $K_2Cr_2O_7$）、5 ml（1＋5）H_2SO_4 溶液，摇匀，置于暗处 5 min。取出后用待标定的硫代硫酸钠溶液滴定至由棕色变为淡黄色时，加入 1 ml 1%的淀粉溶液，继续滴定至蓝色刚好褪去为亮绿色（Cr^{3+}的颜色）为止，记录用量 V。

计算硫代硫酸钠浓度的公式：

$$M = 10.00 \times 0.0250 / V$$

式中，M——硫代硫酸钠的浓度（mol/L）；

V——滴定时消耗硫代硫酸钠的体积（ml）；

10.00——吸取重铬酸钾标准溶液的体积（ml）；

0.0250——重铬酸钾标准溶液的浓度（$1/6K_2Cr_2O_7$, mol/L）。

五、实验步骤

1. 水样采集

水样采集时，先用水样冲洗溶解氧瓶后，沿瓶壁直接注入水样或用虹吸法将细管插入溶解氧瓶底部，注入水样至溢流出瓶容积的 1/3～1/2，迅速盖上瓶塞。要注意取样时绝对不能使采集的水样与空气接触，且瓶口不能留有空气泡，否则另行取样。

2. 溶解氧的固定

（1）取样后，立即用移液管吸取 1 ml MnSO$_4$ 溶液，加入装有水样的溶解氧瓶中，加注时，应将移液管插入液面下。切勿将移液管中的空气注入瓶中。

（2）按上法，加入 2 ml 碱性 KI 溶液。

（3）盖紧瓶塞（注意：瓶中绝不可留有气泡！），将样瓶颠倒混合数次（3～4 次），静置。待生成的棕色沉淀降至瓶内一半深度时，再次颠倒混合均匀，待沉淀物下降至瓶底。（注意：水样中溶解氧固定后，可以保存数小时而不影响测定结果，如现场不能测定，可带回实验室中进行）。

3. 溶解氧的测定

（1）将溶解氧瓶再次静置，使沉淀又降至瓶内一半以下。

（2）析出碘：轻轻打开瓶塞，立即用移液管吸取 4 ml（1：1）H$_2$SO$_4$，插入液面加入，小心盖好瓶塞。颠倒混合，直至沉淀物全部溶解为止。放置暗处 5 min。（注意：加硫酸后盖上瓶塞会有少量液体溢出，但由于溶解氧已经被固定，生成的沉淀在瓶底部，故基本上不影响结果）。

（3）滴定：取 100.0 ml 上述溶液于 250 ml 锥形瓶中，用浓度约为 0.0250 mol/L 的 Na$_2$S$_2$O$_3$ 标准溶液滴定至溶液呈淡黄色，加入 1 ml 淀粉溶液。继续滴定至蓝色刚刚褪去，记录硫代硫酸钠溶液用量。

六、数据记录与处理

1. 结果记录

将实验结果记录于表 2.10 中。

表 2.10 实验结果记录表

水样编号	1	2	3
滴定管始读数/ml			
滴定管终读数/ml			
Na$_2$S$_2$O$_3$ 标准溶液用量/ml			
溶解氧/(O$_2$, mg/L)			

2. 计算

$$溶解氧(O_2，mg/L) = \frac{c_{Na_2S_2O_3} \times V_{Na_2S_2O_3} \times 8 \times 1000}{V_水}$$

式中，$c_{Na_2S_2O_3}$ ——硫代硫酸钠标准溶液的量浓度（$Na_2S_2O_3$，mol/L）；

$V_{Na_2S_2O_3}$ ——硫代硫酸钠标准溶液的用量（ml）；

8——氧的摩尔质量（$1/2O$，g/mol）；

$V_水$——水样的体积（ml）。

七、思考题

（1）水样中加入 $MnSO_4$ 和碱性 KI 溶液后，如只生成白色沉淀，测定还需继续进行吗？试说明理由？

（2）在上述测定和计算中未考虑因试剂的加入而损失的水样体积，你认为这样做对于试验结果的影响如何？

（3）碘量法测定 DO 时，淀粉指示剂加入先后次序对滴定有何影响？

（4）试推导溶解氧测定的计算公式。

实验十　水中五日生化需氧量（BOD₅）的测定
——稀释与接种法

一、实验目的

（1）理解五日生化需氧量（BOD₅）的含义。

（2）掌握用稀释与接种法测定 BOD₅ 的基本原理和方法。

（3）复习并熟练掌握溶解氧测定的实验操作。

二、实验原理

生化需氧量（BOD）是指在规定的条件下，微生物分解水中的某些可氧化的物质，特别是分解有机物的生物化学过程消耗的溶解氧。通常情况下是指水样充满完全密闭的溶解氧瓶，在（20±1）℃的暗处培养 5 d±4 h 或（2＋5）d±4 h[先在 0~4℃的暗处培养 2 d，接着在（20±1）℃的暗处培养 5 d，即培养（2＋5）d，分别测定培养前后水样中溶解氧的质量浓度，由培养前后溶解氧的质量浓度之差，计算每升样品消耗的溶解氧量，以 BOD₅ 形式表示，单位为 mg/L]。

若样品中的有机物含量较多，BOD₅ 的质量浓度大于 6 mg/L，样品需适当稀释后测定；对不含或含微生物少的工业废水，如酸性废水、碱性废水、高温废水、冷冻保存的废水或经过氯化处理等的废水，在测定 BOD₅ 时应进行接种，以引进能分解废水中有机物的微生物。当废水中存在难以被一般生活污水中的微生物以正常速度降解的有机物或含有剧毒物质时，应将驯化后的微生物引入水样中进行接种。

方法的检出限为 0.5 mg/L，方法的测定下限为 2 mg/L，非稀释法和非稀释接种法的测定上限为 6 mg/L，稀释与稀释接种法的测定上限为 6000 mg/L。

对于一般生活污水和工业废水，虽然含较多有机物，如果样品含有足够的微生物和具有足够氧气，就可以将样品直接进行测定，但为了保证微生物生长的需要，需加入一定量的无机营养盐（磷酸盐、钙、镁和铁盐）。

一般检测水质的 BOD₅ 只包括含碳有机物质氧化的耗氧量和少量无机还原性物质的耗氧量。由于许多二级生化处理的出水和受污染时间较长的水体中，往往含有大量硝化微生物。这些微生物达到一定数量就可以产生硝化作用的生化过程。为了抑制硝化作用的耗氧量，应加入适量的硝化抑制剂。

三、实验仪器

（1）滤膜：孔径为 1.6 μm。

（2）溶解氧瓶（250～300 ml）：带水封装置。

（3）稀释容器：1000～2000 ml 的量筒或容量瓶。

（4）虹吸管：供分取水样或添加稀释水。

（5）溶解氧测定仪。

（6）冰箱：有冷冻和冷藏功能。

（7）恒温培养箱：带风扇，（20±1）℃。

（8）曝气装置：多通道空气泵或其他曝气装置。

四、实验试剂

所用试剂除非另有说明，均使用符合国家标准的分析纯化学试剂。实验用水采用三级蒸馏水 [《分析实验室用水规格和试验方法》（GB/T 6682—2008）]，且水中铜离子的质量浓度不大于 0.01 mg/L，不含有氯或氯胺等物质。

（1）亚硫酸钠溶液（$c_{Na_2SO_3} = 0.025$ mol/L）：将 1.575 g 亚硫酸钠（Na$_2$SO$_3$）溶于水中，稀释至 1000 ml。此溶液不稳定，需现用现配。

（2）碘化钾溶液（$\rho_{KI} = 100$ g/L）：将 10 g 碘化钾（KI）溶于水中，稀释至 100 ml。

（3）氢氧化钠（$c_{NaOH} = 0.5$ mol/L）：将 20 g 氢氧化钠溶于水中，稀释至 1000 ml。

（4）盐酸（$c_{HCl} = 0.5$ mol/L）：将 40 ml 浓盐酸溶于水中，稀释至 1000 ml。

（5）淀粉溶液（$\rho = 5$ g/L）：将 0.50 g 淀粉溶于水中，稀释至 100 ml。

（6）乙酸溶液（1＋1）。

（7）磷酸盐缓冲溶液：将 8.5 g 磷酸二氢钾（KH$_2$PO$_4$）、21.8 g 磷酸氢二钾（K$_2$HPO$_4$）、33.4 g 七水合磷酸氢二钠（Na$_2$HPO$_4$·7H$_2$O）和 1.7 g 氯化铵（NH$_4$Cl）溶于水中，稀释至 1000 ml。此缓冲溶液的 pH 为 7.2，在 0～4℃可稳定保存 6 个月。

（8）硫酸镁溶液，$\rho_{MgSO_4} = 11.0$ g/L：将 22.5 g 七水合硫酸镁（MgSO$_4$·7H$_2$O）溶于水中，稀释至 1000 ml。此溶液在 0～4℃可稳定保存 6 个月，若发现任何沉淀或微生物生长，应弃去。

（9）氯化钙溶液（$\rho_{CaCl_2} = 27.6$ g/L）：将 27.6 g 无水氯化钙（CaCl$_2$）溶于水中，稀释至 1000 ml。此溶液在 0～4℃可稳定保存 6 个月，若发现任何沉淀或微生物生长，应弃去。

（10）氯化铁溶液（$\rho_{FeCl_3} = 0.15$ g/L）：将 0.25 g 六水合氯化铁（$FeCl_3 \cdot 6H_2O$）溶于水中，稀释至 1000 ml。此溶液在 0～4℃可稳定保存 6 个月，若发现任何沉淀或微生物生长，应弃去。

（11）葡萄糖-谷氨酸标准溶液：将葡萄糖（$C_6H_{12}O_6$，优级纯）和谷氨酸（HOOC—CH_2—CH_2—$CHNH_2$—COOH，优级纯）在 130℃干燥 1 h，各称取 150 mg 溶于水中，稀释至 1000 ml。此溶液的 BOD_5 为(210 ± 20) mg/L，现用现配。该溶液也可少量冷冻保存，熔化后立刻使用。

（12）丙烯基硫脲硝化抑制剂（$\rho_{C_4H_8N_2S} = 1.0$ g/L）：溶解 0.20 g 丙烯基硫脲（$C_4H_8N_2S$）于 200 ml 水中混合，4℃保存，此溶液可稳定保存 14 d。

（13）稀释水：在 5～20 L 玻璃瓶中加入一定量的水，控制水温在（20 ± 1）℃，用曝气装置曝气至少 1 h，使稀释水中的溶解氧达到 8 mg/L 以上。使用前每升水中加入上述（7）、（8）、（9）、（10）四种营养盐溶液各 1.0 ml，混匀，20℃保存。在曝气的过程中防止污染，特别是防止带入有机物、金属、氧化物或还原物。

稀释水中氧的浓度不能过饱和，使用前需开口放置 1 h，且应在 24 h 内使用。剩余的稀释水应弃去。

（14）接种液：如被检验样品本身不含有足够的适应性微生物，应采取下述方法获得接种液。①未受工业废水污染的生活污水：化学需氧量不大于 300 mg/L，总有机碳不大于 100 mg/L；②含有城镇污水的河水或湖水；③污水处理厂的出水；④分析含有难降解物质的工业废水时，在其排污口下游适当处（3～8 km）水样作为废水的驯化接种液。也可取中和或适当稀释后的废水进行连续曝气，每天加入少量该种废水，同时加入少量生活污水，使适应该种废水的微生物大量繁殖。当水中出现大量絮状物时，表明微生物已繁殖，可用作接种液。一般驯化过程需要 3～8 d。

（15）接种稀释水：根据需要和接种液的来源不同，向每升稀释水中加入适量接种液：城市生活污水和污水处理厂出水加 1～10 ml，河水或湖水加 10～100 ml，将接种稀释水放在（20 ± 1）℃的环境中，当天配制当天使用。接种的稀释水 pH 为 7.2，BOD_5 应小于 1.5 mg/L。

五、实验步骤

1. 实验前准备工作

实验前 8 h 将生化培养箱接通电源，并使温度控制在 20℃下正常运行。将实验用的稀释水、接种液和接种稀释水放入培养箱内恒温备选用。

2. 水样采集与保存

样品采集按照《地表水和污水监测技术规范》（HJ 91.1—2019 和 HJ/T 91—2002）

的相关规定执行。

采集到的水样充满并密封于棕色玻璃瓶中，样品量不小于 1000 ml，在 0～4℃ 的暗处运输和保存，并于 24 h 内尽快分析。24 h 内不能分析，可冷冻保存（冷冻保存时避免样品瓶破裂），冷冻样品分析前需解冻、均质化和接种。

3. 水样前处理

（1）pH 调节：若样品或稀释后样品的 pH 不在 6～8 内，应用盐酸溶液或氢氧化钠溶液调节其 pH 至 6～8。

（2）余氯和结合氯的去除：若样品中含有少量余氯，一般在采样后放置 1～2 h 后，余氯即可消失。对在短时间内不能消失的余氯，可加入适量的亚硫酸钠溶液去除样品中存在的余氯和结合氯，加入的亚硫酸钠溶液的量由下述方法确定。

取已中和好的水样 100 ml，加入乙酸溶液 10 ml、碘化钾溶液 1 ml，混匀，暗处静置 5 min。用亚硫酸钠溶液滴定析出的碘至淡黄色，加入 1 ml 淀粉溶液呈蓝色。再继续滴定至蓝色刚刚褪去，即为终点，记录所用亚硫酸钠溶液体积，由亚硫酸钠溶液消耗的体积，计算出水样中应加亚硫酸钠溶液的体积。

（3）样品均质化：含有大量颗粒物、需要较大稀释倍数的样品或经冷冻保存的样品，测定前均需将样品搅拌均匀。

（4）样品中有藻类：若样品中有大量藻类存在，BOD_5 的测定结果会偏高。当分析结果精度要求较高时，测定前应用滤孔为 1.6 μm 的滤膜过滤，检测报告中注明滤膜滤孔的大小。

（5）含盐量低的样品：若样品含盐量低，非稀释样品的电导率小于 125 μS/cm 时，需加入适量相同体积的四种盐溶液，使样品的电导率大于 125 μS/cm。每升样品中至少需加入各种盐的体积 V 按下式计算：

$$V = (\Delta K - 12.8)/113.6$$

式中，V——需加入各种盐的体积（ml）；

　　　ΔK——样品需要提高的电导率值（μS/cm）。

4. 不经稀释水样的测定（非稀释法）

非稀释法分为两种情况：非稀释法和非稀释接种法。

如样品中的有机物含量较少，BOD_5 的质量浓度不大于 6 mg/L，且样品中有足够的微生物，用非稀释法测定。若样品中的有机物含量较少，BOD_5 的质量浓度不大于 6 mg/L，但样品中无足够的微生物，如酸性废水、碱性废水、高温废水、冷冻保存的废水或经过氯化处理等的废水，采用非稀释接种法测定。

1）试样的准备

待测试样：测定前待测试样的温度达到（20±2）℃，若样品中溶解氧浓度低，需要用曝气装置曝气 15 min，充分振摇，赶走样品中残留的空气泡；若样品中氧过饱和，将容器 2/3 体积充满样品，用力振荡赶出过饱和氧，然后根据试样中微生物含量情况确定测定方法。非稀释法可直接取样测定；非稀释接种法，每升试样中加入适量的接种液，待测定。若试样中含有硝化细菌，有可能发生硝化反应，需在每升试样中加入 2 ml 丙烯基硫脲硝化抑制剂。

空白试样：非稀释接种法，每升稀释水中加入与试样中相同量的接种液作为空白试样，需要时每升试样中加入 2 ml 丙烯基硫脲硝化抑制剂。

2）试样的测定

碘量法测定试样中的溶解氧：将待测试样充满两个溶解氧瓶中，使试样少量溢出，防止试样中的溶解氧质量浓度改变，使瓶中存在的气泡靠瓶壁排出。将一瓶盖上瓶盖，加上水封，在瓶盖外罩上一个密封罩，防止培养期间水封水蒸发干，在恒温培养箱中培养 5 d±4 h 或（2＋5）d±4 h 后，测定试样中溶解氧的质量浓度。另一瓶 15 min 后测定试样在培养前溶解氧的质量浓度。溶解氧的测定按《水质　溶解氧的测定　碘量法》（GB 7489—1987）进行操作。

电化学探头法测定试样中的溶解氧：将试样充满一个溶解氧瓶中，使试样少量溢出，防止试样中溶解氧质量浓度的改变，使瓶中存在的气泡靠瓶壁排出。测定培养前试样中的溶解氧的质量浓度。盖上瓶盖，防止样品中残留气泡，加上水封，在瓶盖外罩上一个密封罩，防止培养期间水封水蒸发干。将试样瓶放入恒温培养箱中培养 5 d±4 h 或（2＋5）d±4 h。测定培养后试样中溶解氧的质量浓度。溶解氧的测定按《水质　溶解氧的测定　电化学探头法》（HJ506-2009）进行操作。

空白试样的测定方法同上。

5. 需经稀释水样的测定（稀释与接种法）

稀释与接种法分为两种情况：稀释法和稀释接种法。若试样中的有机物含量较多，BOD_5 的质量浓度大于 6 mg/L，且样品中有足够的微生物，采用稀释法测定；若试样中的有机物含量较多，BOD_5 的质量浓度大于 6 mg/L，但试样中无足够的微生物，采用稀释接种法测定。

1）稀释倍数的确定

样品稀释的程度应使消耗的溶解氧质量浓度不小于 2 mg/L，培养后样品中剩余溶解氧质量浓度不小于 2 mg/L，且试样中剩余的溶解氧的质量浓度为开始浓度的 1/3～2/3 最佳。稀释倍数可根据样品的总有机碳（TOC）、高锰酸盐指数（COD_{Mn}）或化学需氧量（COD_{Cr}）的测定值，按照表 2.11 列出的 BOD_5 与总有机碳（TOC）、高锰酸盐指数（COD_{Mn}）或化学需氧量（COD_{Cr}）的比值 R 估计 BOD_5 的期望值（R 与样品的类型有关），再根据表 2.11 确定稀释因子。当不能准确地选择稀释倍数时，一个样品做 2～3 个不同的稀释倍数。

表 2.11　典型的比值 R

水样类型	总有机碳 R （BOD_5/TOC）	高锰酸钾指数 R （BOD_5/COD_{Mn}）	化学需氧量 R （BOD_5/COD_{Cr}）
未处理的废水	1.2～2.8	1.2～1.5	0.35～0.65
生化处理的废水	0.3～1.0	0.5～1.2	0.20～0.35

由表 2.11 中选择适当的 R 值，按下式计算 BOD_5 的期望值：

$$\rho = R \times Y$$

式中，ρ——五日生化需氧量浓度的期望值（mg/L）；

Y——总有机碳（TOC）、高锰酸盐指数（COD_{Mn}）或化学需氧量（COD_{Cr}）的值（mg/L）。

由估算出的 BOD_5 的期望值，按表 2.12 确定样品的稀释倍数。

表 2.12　BOD_5 测定的稀释倍数

BOD_5 期望值/(mg/L)	稀释倍数	水样类型
6～12	2	河水，生物净化的城市污水
10～30	5	河水，生物净化的城市污水
20～60	10	生物净化的城市污水
40～120	20	澄清的城市污水或轻度污染的工业废水
100～300	50	轻度污染的工业废水或原城市污水
200～600	100	轻度污染的工业废水或原城市污水
400～1200	200	重度污染的工业废水或原城市污水
1000～3000	500	重度污染的工业废水
2000～6000	1000	重度污染的工业废水

按照确定的稀释倍数，将一定体积的试样或处理后的试样用虹吸管加入已加部分稀释水或接种稀释水的稀释容器中，加稀释水或接种稀释水至刻度，轻轻混合，避免残留气泡，待测定。若稀释倍数超过 100 倍，可进行两步或多步稀释。

若试样中有微生物毒性物质，应配制几个不同稀释倍数的试样，选择与稀释倍数无关的结果，并取其平均值。试样测定结果与稀释倍数的关系确定如下：

当分析结果精度要求较高或存在微生物毒性物质时，一个试样要做两个以上不同的稀释倍数，每个试样每个稀释倍数做平行双样同时进行培养。测定培养过程中每瓶试样的氧消耗量，并画出氧消耗量对每一稀释倍数试样中原样品的体积曲线。

若此曲线呈线性，则此试样中不含有任何抑制微生物的物质，即样品的测定结果与稀释倍数无关；若曲线仅在低浓度范围内呈线性，取线性范围内稀释比的试样测定结果计算平均 BOD_5 值。

2）待测试样的准备

待测试样的温度达到（20±2）℃，若试样中溶解氧浓度低，需要用曝气装置曝气 15 min，充分振摇，赶走样品中残留的气泡；若样品中氧过饱和，将容器的 2/3 体积充满样品，用力振荡，赶出过饱和氧，然后根据试样中微生物的含量情况确定测定方法。稀释法测定，稀释倍数按表 2.11 和表 2.12 方法确定，然后用稀释水稀释。稀释接种法测定，用接种稀释水稀释样品。若样品中含有硝化细菌，有可能发生硝化反应，需在每升试样培养液中加入 2 ml 丙烯基硫脲硝化抑制剂。

3）空白试样的准备

（1）稀释法测定，空白试样为稀释水，需要时每升稀释水中加入 2 ml 丙烯基硫脲硝化抑制剂。

（2）稀释接种法测定，空白试样为接种稀释水，必要时每升接种稀释水中加入 2 ml 丙烯基硫脲硝化抑制剂。

4）试样的测定

试样和空白试样的测定方法同非稀释法测定一样。

六、数据记录与处理

1. 非稀释法

非稀释法按下式计算样品 BOD_5 的测定结果：

$$\rho = \rho_1 - \rho_2$$

式中，ρ——五日生化需氧量质量浓度（mg/L）；

ρ_1——水样在培养前的溶解氧质量浓度（mg/L）；

ρ_2——水样在培养后的溶解氧质量浓度（mg/L）。

2. 非稀释接种法

非稀释接种法按下式计算样品 BOD_5 的测定结果：

$$\rho = (\rho_1 - \rho_2) - (\rho_3 - \rho_4)$$

式中，ρ——五日生化需氧量质量浓度（mg/L）；

ρ_1——接种水样在培养前的溶解氧质量浓度（mg/L）；

ρ_2——接种水样在培养后的溶解氧质量浓度（mg/L）；

ρ_3——空白样在培养前的溶解氧质量浓度（mg/L）；

ρ_4——空白样在培养后的溶解氧质量浓度（mg/L）。

3. 稀释与接种法

稀释法和稀释接种法按下式计算样品 BOD_5 的测定结果：

$$\rho = \frac{(\rho_1 - \rho_2) - (\rho_3 - \rho_4)f_1}{f_2}$$

式中，ρ——五日生化需氧量质量浓度（mg/L）；

ρ_1——接种稀释水样在培养前的溶解氧质量浓度（mg/L）；

ρ_2——接种稀释水样在培养后的溶解氧质量浓度（mg/L）；

ρ_3——空白样在培养前的溶解氧质量浓度（mg/L）；

ρ_4——空白样在培养后的溶解氧质量浓度（mg/L）；

f_1——接种稀释水或稀释水在培养液中所占的比例；

f_2——原样品在培养液中所占的比例。

BOD_5 的测定结果以氧的质量浓度（mg/L）报出。对稀释与接种法，如果有几个稀释倍数的结果满足要求，结果取这些稀释倍数结果的平均值。结果小于 100 mg/L，保留一位小数；结果为 100～1000 mg/L，取整数位；结果大于 1000 mg/L，以科学计数法报出。结果报告中应注明样品是否经过过滤、冷冻或均质化处理。

七、质量保证和质量控制

1. 空白试样

每一批样品做两个分析空白试样，稀释法空白试样的测定结果不能超过 0.5 mg/L，非稀释接种法和稀释接种法空白试样的测定结果不能超过 1.5 mg/L，否则应检查可能的污染来源。

2. 接种液、稀释水质量的检查

每一批样品要求做一个标准样品，样品的配制方法如下：取 20 ml 葡萄糖-谷氨酸标准溶液于稀释容器中，用接种稀释水稀释至 1000 ml，测定 BOD_5，结果应在 180～230 mg/L 内，否则应检查接种液、稀释水的质量。

3. 平行样品

每一批样品至少做一组平行样，计算相对百分偏差 RP。当 BOD_5 小于 3 mg/L 时，RP 值应≤±15%；当 BOD_5 为 3～100 mg/L 时，RP 值应≤±20%；当 BOD_5 大于 100 mg/L 时，RP 值应≤±25%。计算公式如下：

$$RP = \frac{\rho_1 - \rho_2}{\rho_1 + \rho_2} \times 100\%$$

式中，RP——相对百分偏差（%）；

　　ρ_1——第一个样品 BOD_5 的质量浓度（mg/L）；

　　ρ_2——第二个样品 BOD_5 的质量浓度（mg/L）。

4. 精密度和准确度

非稀释法实验室间的重现性标准偏差为 0.10～0.22 mg/L，再现性标准偏差为 0.26～0.85 mg/L。稀释法和稀释接种法的对比测定结果重现性标准偏差为 11 mg/L，再现性标准偏差为 3.7～22 mg/L。

八、思考题

（1）当水样中存在 NO_2^- 时会干扰 BOD_5 的测定吗？如何消除 NO_2^- 的干扰？

（2）如果水样是自来水，测定时是否存在干扰？如何消除干扰？

（3）测定水样中的溶解氧时，如何进行水样的采集和保存？

实验十一　水体电导率的测定——静态法

一、实验目的

（1）理解电导率的含义及测定水质的意义。

（2）掌握电导率仪测定电导率的原理及其测定方法。

二、实验原理

电导率是以数字表示溶液传导电流的能力，单位为 S/cm 或 μS/cm。水的电导率与其所含无机酸、碱、盐的量有一定的关系，当它们的浓度较低时，电导率随着浓度的增大而增加，因此，该指标常用于推测水中离子的总浓度或含盐量。

当两个电极（通常为铂电极或铂黑电极）插入溶液中，可以测出两电极间的电阻 R。电导 S 是电阻 R 的倒数。根据欧姆定律，当温度一定时，这个电阻值与电极间距 L（cm）正比，与电极的截面积 A（cm^2）反比，即

$$R = \rho \times \frac{L}{A}$$

其中，ρ 为电阻率，是长 1 cm、截面积为 1 cm^2 导体的电阻，其大小决定于物质的本性。

据上式，导体的电导 S 可表示成下式：

$$S = \frac{1}{R} = \frac{1}{\rho} \times \frac{A}{L} = \frac{1}{\rho} \times \frac{1}{Q} = K \times \frac{1}{Q}$$

其中，$K = 1/\rho$ 称为电导率，$Q = L/A$ 称为电极常数。电解质溶液电导率指相距 1 cm 的两平行电极间充以 1 cm^3 溶液时所具有的电导。

电导率通常用电导率仪测定，在电场作用下，水中离子所产生电导的强弱以在电导率仪上直接测定显示出来的电导率表示。水的电导率随温度升高而增加，水温每升高 1℃，电导率增加 25℃时的 2% 左右。为使结果便于比较，通常将测定值校正到 25℃时的电导率报出结果。

三、仪器和试剂

（1）温度计。

（2）电导率仪。

（3）电导电极。

常见的电导电极介绍：

①DJS-1：光亮电极，金属薄片，$Q \approx 1$，测量范围为 $0 \sim 20 \, \mu S/cm$，测定时选择低周（适用于测量高纯水、去离子水、蒸馏水）。

②DJS-1：铂黑电极，表面镀有黑色的铂线，$Q \approx 1$，测量范围为 $0.01 \sim 20 \, mS/cm$，测定时选择高周（适用于测量地表水、生活污水）。

③DJS-10：铂黑电极，薄片面积较小，距离大，测量范围为 $0.01 \sim 200 \, mS/cm$，测定时选择高周（适用于测量海水、工业污水）。

四、试验步骤

（1）电极使用前或不干净时要用稀酸浸泡，清洗干净。

（2）电导率仪接通电源，预热 10 min，选择合适的电导电极连接到电导率仪上。

（3）按照仪器操作手册，设置好电极常数，并将量程选择设置为适当档次。

（4）取适量水样冲洗 50 ml 烧杯几次后，再取适量水样于烧杯中，测量并记录温度。

（5）电导电极用蒸馏水冲洗擦干净后，插入待测溶液中测定，稳定后读数。

五、数据记录与处理

水样的电导率用下式计算（25℃）：

$$K_{25} = K_t / [1 - 0.02(25 - t)]$$

式中，K_{25}——25℃时水样的电导率；

K_t——t℃时测得水样的电导率；

t——测量时试样的温度。

在表 2.13 记录各水样对应的电导率，并分析比较各水样的水质状况。

表 2.13　水样电导率测定结果

水样	补偿值	量程	溶液温度	电导率	水质状况
①					
②					
③					

六、注意事项

（1）电导电极的铂片应避免与任何物体碰触，只能用去离子水进行冲洗，否则会损伤铂片，导致电极测量不准确。

（2）光亮系列电导电极的铂金片表面允许使用细砂皮（表面无肉眼可见的沙粒）进行抛光清洁。

（3）如发觉铂黑系列电导电极使用性能下降，可将铂金片浸于无水乙醇中 1 min，取出后用去离子水冲洗，特别是用户对测量精度要求较高时尤为重要。

（4）电极使用完毕后，需及时冲洗干净，放入保护瓶中保存。

（5）电导电极在放置一段时间或使用一段时间后，其电极常数有可能发生变化，建议按照仪器说明书定期校正电极常数。

实验十二　水中氟化物的测定——离子选择电极法

一、实验目的

（1）掌握用氟离子选择电极法测定水中氟化物的原理和基本操作。

（2）掌握离子活度计或精密 pH 计及氟离子选择电极的使用方法。

（3）了解干扰测定的因素和消除方法。

二、实验原理

氟化物广泛存在于自然水体中，有色冶金、钢铁和铝加工、焦炭、玻璃、陶瓷、电子、电镀、化肥、农药厂的废水及含氟矿物的废水中常存在氟化物。水中氟化物的测定方法主要有：氟离子选择电极法、氟试剂比色法、茜素磺酸锆比色法和硝酸钍滴定法。电极法选择性好，适用范围宽，浑浊、有颜色水样均可测定，测量范围为 0.05～1900 mg/L。通常需加入总离子强度调节剂以统一溶液中总离子强度、去除干扰离子的影响、保持溶液适当的 pH。

当氟电极与含氟的试液接触时，电极的电极电位 E 随溶液中氟离子活度变化而改变，并遵从能斯特（Nernst）方程。当采用离子强度调节剂后，溶液的总离子强度为定值，可将溶液的活度用活度系数与浓度的乘积表示，且活度系数为恒定。此时的电极电位服从以下关系式：

$$E = E^{\ominus} - \frac{2.303RT}{F} \lg c_{F^-}$$

式中，E——电极电位；

$E^{\ominus}$——氟离子电极的标准电位（即氟离子活度为 1 时的电位，温度一定时，其值为常数）；

F——法拉第常数；

R——气体常数；

T——测定温度（K）；

c_{F^-}——待测溶液氟离子浓度（mol/L）。

在电位分析法中，用氟电极作为指示电极，以饱和甘汞电极（SCE）为参比电极组成电池，用电位计测定电池的电动势（E_{mf}）（mV），则电动势与氟离子浓度（c_{F^-}）的关系可由下式表示。

$$E_{mf} = E_R - E_{F^-} = K + S \lg c_{F^-}$$

式中，E_R——参比电极电位（在一定温度下为常数）；

E_F——氟离子电极的电位；

K——包括参比电极的电位、氟离子电极的标准电位、活度等项的加和（在一定温度和离子强度下为常数）；

S——线性相关的斜率（在温度一定时为常数）；

即电池的电动势 E_{mf} 与溶液中 $\lg c_{F^-}$ 呈线性关系，可通过测定电动势判断溶液中的 c_{F^-}。

三、实验仪器

（1）酸度离子计。

（2）氟离子选择性电极。

（3）饱和甘汞电极。

（4）电磁搅拌器。

（5）50 ml 烧杯若干。

四、实验试剂

（1）氟化物标准溶液储备液（100.0 μg/ml）：准确称取基准氟化钠（NaF）0.2210 g（预先于 105～110℃干燥 2 h 或者于 500～650℃烘干约 40 min），用适当的水进行溶解，转移到 1000 ml 容量瓶中，定容至刻度线，摇匀，储存于聚乙烯瓶中。

（2）氟化物标准溶液工作液（10.0 μg/ml）：移取 10.0 ml 的氟化物标准溶液储备液，转移到 100 ml 的容量瓶中，定容至刻度线，摇匀。

（3）15%（m/V）乙酸钠溶液（CH₃COONa）：称取 15 g 乙酸钠溶于水，并稀释至 100 ml。

（4）2 mol/L 盐酸溶液。

（5）总离子强度调节缓冲溶液：称取 58.8 g 二水柠檬酸钠和 85 g 硝酸钠，加水溶解，用盐酸调节 pH 至 5～6，转入 1000 ml 容量瓶中，定容至刻度线，摇匀。

五、实验步骤

1. 仪器的准备

按测定仪器及电极的使用说明书进行。开搅拌器，用蒸馏水浸泡电极，保持初始电位 E_0 约为 330 mV。

2. 标准曲线的绘制（标准曲线法）

用移液管（或者吸量管）分别准确吸取 1.00 ml、3.00 ml、5.00 ml、10.00 ml、20.00 ml 氟化物标准溶液工作液（10 μg/ml），置于 50 ml 容量瓶中。加入 10.00 ml 总离子强度缓冲溶液，用蒸馏水稀释至刻度线，摇匀，分别注入 100 ml 聚乙烯杯中，各放入一只搅拌子，以浓度由低到高为顺序，分别插入电极，连续搅拌溶液，待电位稳定后，再继续搅拌时，读取电位值 E。在每一次测量之前，都要用水冲洗电极和搅拌子，并用滤纸吸干。绘制 E（mV）- $\lg c_{F^-}$（mg/L）标准曲线。注意：标准溶液由浓度低到高进行测量。

3. 试样的测定

用移液管吸取适量待测试样，置于 50.00 ml 容量瓶中，用乙酸钠或盐酸溶液调节 pH 至近中性，加入 10.00 ml 总离子强度缓冲溶液，用水定容至刻度，摇匀。注入 100 ml 聚乙烯瓶中，放入一只搅拌子，插入电极，连续搅拌溶液，待电位稳定后，读取电位值 E_x，在标准曲线上查得氟化物的含量。注意：测量未知试样前要用蒸馏水浸泡电极，使恢复到初始电位 E_0。

4. 空白试验

用无氟蒸馏水代替水样，与水样进行同样的处理和测定，读取电位值 E_b。

六、数据记录与处理

初始电位 E_0 = _____mV

未知试样体积 V_x = _____ml，未知试样电位 E_x = _____mV，空白试样电位 E_b = _____mV。

表 2.14 标准曲线数据表

编号	标准溶液体积/ml	c_{F^-} /(mg/L)	$\lg c_{F^-}$	E/mV
1	1.00	0.20	−0.6990	
2	3.00	0.60	−0.2218	
3	5.00	1.00	0	
4	10.00	2.00	0.3010	
5	20.00	4.00	0.6021	

在直角坐标纸上绘制 E（mV）- $\lg c_{F^-}$（mg/L）标准曲线，给出标准曲线方程及相关系数。以试样测定值 E_x 和空白测定值 E_b 分别在图中查出对应的浓度 $\lg c_x$ 和 $\lg c_b$，计算出 c_x 和 c_b。原水样含氟量 c（mg/L）采用以下公式计算：

$$c = \frac{(c_x - c_b) \times 50}{V_x}$$

式中，c——待测水样的浓度（mg/L）；

　　c_x——根据标准曲线算出的水样测定值 E_x 的浓度（mg/L）；

　　c_b——根据标准曲线算出的空白试样测定值 E_b 的浓度（mg/L）；

　　V_x——水样体积（ml）；

　　50——定容的体积数（ml）。

七、注意事项与思考题

（1）如果试样中含有氟硼酸盐或污染严重，应先进行蒸馏。

（2）测定氟离子浓度时为何要控制离子强度？

（3）总离子强度调节剂的配方可不局限于本法，根据样品情况还可选择哪些配方？

（4）不得用手指触摸电极的膜表面，为了保护电极，测试试样中氟的浓度最好不要大于 40 mg/L。

（5）插入电极前不要搅拌溶液，以免在电极表面附着气泡，影响测定的准确度。搅拌速度应适中稳定，不要形成涡流，测定过程中应连续搅拌。

实验十三　可见吸收光谱的绘制

一、实验目的

（1）学习巩固吸收光谱的概念和测定绘制方法。

（2）掌握可见分光光度计的基本构造，并学会熟练使用仪器。

二、实验原理

吸收光谱是研究物质的性质和含量的理论基础。以不同波长的光依次通过一定浓度的被测溶液，测出相应的吸光度，以波长 λ 为横坐标，对应的吸光度 A 为纵坐标作图，所得的曲线称为吸收光谱曲线或吸收光谱。

本实验利用分光光度计能连续变换波长的性能，测定绘制邻二氮菲-Fe^{2+}的吸收光谱，并为邻二氮菲法测定水样中的铁确定合适的测定波长。在 pH = 3～9 的溶液中，Fe^{2+}与邻二氮菲（又名 1, 10-菲啰啉和邻菲啰啉）生成稳定的橙红色络合物[其 $\lg\beta_3 = 21.3(20℃)$，$\lambda_{max} = 510$ nm，摩尔吸光系数 $\varepsilon = 1.1 \times 10^4$ L/(mol·cm)]。Fe^{3+}与邻二氮菲会生成 1：3 的淡蓝色络合物（$\lg\beta_3 = 14.1$），故显色前，应用盐酸羟胺 $NH_2OH·HCl$ 将 Fe^{3+}还原为 Fe^{2+}，有关反应式如下：

$$2Fe^{3+} + 2NH_2OH·HCl \longrightarrow 2Fe^{2+} + N_2\uparrow + 2H_2O + 4H^+ + 2Cl^-$$

三、实验仪器

（1）可见分光光度计。

（2）玻璃比色皿。

（3）具塞磨口比色管（25 ml）。

（4）移液管。

四、实验试剂

（1）铁标准溶液（Fe^{2+} = 20 μg/ml）：称取 0.1404 g 六水合硫酸亚铁铵 $[(NH_4)_2Fe(SO_4)_2·6H_2O]$溶于 500 ml 蒸馏水中，再边搅拌边沿器壁缓慢加入 10 ml 硫酸（$\rho = 1.84$ g/ml），移入 1000 ml 容量瓶中，定容至刻度线。

（2）邻二氮菲溶液（1.2 g/L）：称取 0.12 g 一水合邻二氮菲（$C_{12}H_8N_2·H_2O$）溶解于 100 ml 蒸馏水中（可微热助溶），储存于棕色瓶中（用前配制）。

（3）盐酸羟胺溶液（100 g/L）：称取 25 g 盐酸羟胺（$NH_2OH·HCl$）溶解于 250 ml 蒸馏水中（用前配制）。

（4）冰乙酸-乙酸钠缓冲溶液（pH = 6）：称取 200 g 三水合乙酸钠（$NaC_2H_3O_2·3H_2O$）溶解于约 200 ml 蒸馏水中，加入冰乙酸（ρ = 1.05 g/ml）600 ml，再用蒸馏水稀释至 1000 ml。

五、实验步骤

1. 邻二氮菲-Fe(Ⅱ)显色溶液的配制

吸取 5.00 ml 铁标准溶液，同时取 5.00 ml 去离子水（空白试液），分别放入 25 ml 比色管中，加入 2.0 ml 盐酸羟胺溶液，混匀。放置 2 min 后，加入 2.0 ml 邻二氮菲溶液和 5.0 ml 冰乙酸-乙酸钠缓冲溶液，用水稀释至刻度，混匀。

2. 比色皿的校正

取 2 个 1 cm 比色皿，均盛入蒸馏水，安放于仪器中比色皿架上，按仪器使用方法，在 510 nm 处测定各比色皿的吸光度。以吸光度最小的比色皿为 0，测定另一个比色皿的吸光度值作为校正值，并做好标记。

3. 吸收曲线的测定

在分光光度计上，将空白试液和邻二氮菲-Fe(Ⅱ)显色溶液分别盛于上述 2 个 1 cm 比色皿中，注意应用吸光度为 0 的比色皿盛放空白溶液，用另一个比色皿盛放邻二氮菲-Fe(Ⅱ)显色溶液。按仪器使用方法操作，从 420～560 nm，每隔 10 nm 测定一次。每次用空白溶液调零，测定记录邻二氮菲-Fe(Ⅱ)显色溶液在不同波长处的吸光度值。在吸收峰 510 nm 附近，每隔 2 nm 测定一个值。

六、数据记录与处理

1. 实验记录

将实验数据记录入表 2.15 中。

表 2.15　实验记录表

波长 λ/nm	420	430	440	450	460	470	480	490	500
吸光度 A									
波长 λ/nm	502	504	506	508	510	512	514	516	518
吸光度 A									
波长 λ/nm	520	530	540	550	560				
吸光度 A									

2. 吸收曲线的绘制

以波长 λ 为横坐标,对应的吸光度 A 为纵坐标,将测得值逐个描绘在坐标纸上,并连成光滑曲线,即得吸收光谱。从曲线上查到溶液的最大吸收波长 λ_{max},即为测量铁的工作波长。

七、注意事项与思考题

(1) 在使用前,要仔细阅读仪器说明书,了解仪器的构造和各个旋钮的功能;在使用时,一定要遵守操作规程和听从老师的指导。

(2) 在每次测定前,应首先进行比色皿的校正实验。溶液吸光度测定值的校正示例如表 2.16 所示。

表 2.16 校正示例

比色皿编号	空白溶液校正值 A	显色溶液测得值 A	校正后测得值 A
1	0.0	0.0	空白
2	0.004	0.204	0.200
3	0.008	0.408	0.400
4	0.022	0.623	0.601

(3) 拿取比色皿时,只能用手指捏住毛玻璃的两面,手指不得接触其透光面。盛好溶液(至比色皿高度的 4/5)后,先用滤纸轻轻吸去外部的水或溶液,再用擦镜纸轻轻擦拭透光面,直至洁净透明。另外,还应注意比色皿内不得黏附小气泡,否则影响透光率。

(4) 测量之前,比色皿需用被测溶液荡洗 2~3 次,然后再盛溶液。比色皿用毕后,应立即取出,用自来水及蒸馏水洗净,倒立晾干。

(5) 本次实验中测得的最大吸收波长 λ_{max} 与文献值是否有差别?如有差别,请解释原因。

(6) 根据实验数据,计算在最大波长下,邻二氮菲-Fe(II)的摩尔吸收系数 ε,比较计算值和文献值 $\varepsilon = 1.1 \times 10^4$ L/(mol·cm)是否一致?如不一致,请做解释。

(7) 单色光不纯对吸收光谱的测定有何影响?

拓展学习:常用分光光度计及使用

1. 分光光度计简介

分光光度计,又称光谱仪,是将成分复杂的光分解为光谱线的科学仪器,如

图 2.4 所示。测量范围一般包括波长范围为 380～780 nm 的可见光区和波长范围为 200～380 nm 的紫外光区。不同的光源都有其特有的发射光谱，因此可采用不同的发光体作为仪器的光源。如钨灯光源所发出的 380～780 nm 波长的光通过三棱镜折射后，可得到由红、橙、黄、绿、蓝、靛、紫组成的连续光谱，可作为可见分光光度计的光源。

图 2.4　721 型可见分光光度计

2. 分光光度计的使用（以 721 型为例）

（1）在接通电源之前，电表的指针必须位于"0"刻度线上，否则应旋动电表上的校正螺丝调节到位。

（2）打开比色皿室的箱盖和电源开关，使光电管在无光照射的情况下预热 15 min 以上。

（3）旋转波长调节器，选择测定所需的单色光波长。选择适当的灵敏度，一般先将灵敏度旋钮至中间位置，用零点调节器调节电表指针至 T 值为 0%处。若不能调到，应适当增加灵敏度。放入空白溶液和待测溶液，使空白溶液置于光路中，盖上比色皿室箱盖，使光电管受光，调节光量调节旋钮使电表指针在 T 值为 100%处。

（4）打开比色皿室箱盖（关闭光门），调节零点调节旋钮使针在 T 值为 0%处，然后盖上箱盖（打开光门），调节光量调节旋钮使指针在 T 值为 100%处。如此反复调节，直到关闭光门和打开光门时指针分别指在 T 值为 0%和 100%处为止。

（5）将待测溶液置于光路中，盖上箱盖，由此时指针的位置读得待测溶液的 T 值或 A 值。

（6）测量完毕后，关闭开关，取下电源插头，取出比色皿并洗净擦干，放好。盖好比色皿室箱盖，盖好仪器。

3. 注意事项

（1）使用比色皿时，只能拿毛玻璃的两面，并且必须用擦镜纸擦干透光面，以保护透光面不受损坏或产生斑痕。在用比色皿装液前必须用所装溶液冲洗 3 次，以免改变溶液的浓度。

（2）比色皿在放入比色皿架时，应尽量使它们的前后位置一致，以减小测量误差。需要大幅度改变波长时，在调整 T 值为 0%和 100%之后，应稍等片刻（因钨丝灯在急剧改变亮度后，需要一段热平衡时间），待指针稳定后再调整 T 值为 0%和 100%。

（3）根据溶液中待测物的含量大小选择不同光程长度的比色皿，使用前电表读数 A 在 0.1～1，这样可以得到较高的准确度。

（4）确保仪器工作稳定，在电源电压波动较大的地方，应外加一个稳压电源。同时仪器应保持接地良好。

（5）在仪器底部有两只干燥剂暗筒，应经常检查。发现干燥剂失效时，应立即更换或烘干后再用。比色皿暗箱内的硅胶也应定期取出，待烘干后再放回原处。

（6）为了避免仪器积灰和玷污，在停止工作时，应用防尘罩罩住仪器。

（7）仪器在工作几个月或位置移动后，要检查波长的准确性，以确保仪器的正常使用和测定结果的可靠性。

实验十四　邻二氮菲分光光度法测定水中的铁

一、实验目的

（1）熟悉掌握分光光度计的使用方法及其工作原理。
（2）掌握邻二氮菲分光光度法测定水中铁的原理和实验操作。

二、实验原理

Fe^{2+} 在 pH = 3～9 与邻二氮菲（又名 1, 10-菲啰啉和邻菲啰啉）在一定条件下生成稳定的邻二氮菲-Fe(Ⅱ)橙红色络合物[λ_{max} = 510 nm，摩尔吸光系数 ε = 1.1×10^4 L/(mol·cm)]，该络合物在暗处可稳定半年。在 510 nm 处测定吸光度值，用标准曲线法可求得水样中 Fe^{2+} 的含量。若用盐酸羟胺（$NH_2OH·HCl$）等还原剂将水中 Fe^{3+} 还原为 Fe^{2+}，则本法可测定水中总铁、Fe^{3+} 和 Fe^{2+} 的各自含量。

强氧化剂、氰化物、亚硝酸盐、焦磷酸盐、偏聚磷酸盐及某些重金属离子会干扰测定的结果。经过加酸煮沸可将氰化物及亚硝酸盐去除，并使焦磷酸、偏聚磷酸盐转化为正磷酸盐，从而减轻干扰。加入盐酸羟胺则可以消除强氧化剂的影响。邻二氮菲能与某些金属离子形成有色络合物而干扰测定。但在乙酸-乙酸铵的缓冲溶液中，不大于铁浓度 10 倍的铜、锌、钴、铬，以及小于 2 mg/L 的镍，不干扰测定，当浓度再高时，可加入过量显色剂予以消除。汞、镉、银等能与邻二氮菲形成沉淀，若浓度低时，可加入过量邻二氮菲来消除；浓度高时，可将沉淀过滤除去。水样有底色，可用不加邻二氮菲的试样作参比，对水样的底色进行校正。

三、实验仪器

（1）可见分光光度计。
（2）玻璃比色皿。
（3）具塞磨口比色管（25 ml）。
（4）移液管。

四、实验试剂

（1）铁标准储备液（Fe^{2+} = 100 μg/ml）：准确称量 0.7022 g 六水合硫酸亚铁铵

[(NH$_4$)$_2$Fe(SO$_4$)$_2$·6H$_2$O]，溶于 50 ml 硫酸(1 + 1)中，转移至 1000 ml 容量瓶，稀释至刻度线，摇匀。

（2）铁标准使用液（Fe^{2+} = 10 μg/ml）：准确移取铁标准储备液 10.00 ml 置于 100 ml 容量瓶，稀释至刻度线，摇匀。

（3）邻二氮菲溶液（1.2 g/L）：称取 0.12 g 一水合邻二氮菲（C$_{12}$H$_8$N$_2$·H$_2$O）溶解于 100 ml 蒸馏水中（可微热助溶），储存于棕色瓶中（用前配制）。

（4）盐酸羟胺溶液（100 g/L）：称取 25 g 盐酸羟胺（NH$_2$OH·HCl）溶解于 250 ml 蒸馏水中（用前配制）。

（5）冰乙酸–乙酸钠缓冲溶液（pH = 6）：称取 200 g 三水合乙酸钠（NaC$_2$H$_3$O$_2$·3H$_2$O）溶解于约 200 ml 蒸馏水中，加入 600 ml 冰乙酸（ρ = 1.05 g/ml），再用蒸馏水稀释至 1000 ml。

五、实验步骤

1. 标准曲线的绘制

用移液管（或吸量管）分别准确吸取铁标准使用液 0.00 ml（空白试验）、0.50 ml、1.00 ml、1.50 ml、2.00 ml、3.00 ml 和 5.00 ml，置于 25 ml 比色管中。各加入 1.00 ml 盐酸羟胺溶液，混匀。静置 2 min 后，再各加入 1.0 ml 邻二氮菲溶液和 2.5 ml 冰乙酸–乙酸钠缓冲溶液，用水稀释至刻度，混匀，放置显色 15 min。在可见分光光度计 510 nm 处，用 1 cm 比色皿以"空白试验"调零，测定各溶液的吸光度值，做记录。以铁含量为横坐标，对应的吸光度值为纵坐标，绘制标准曲线。

2. 总铁的测定

用移液管吸取 10.00 ml 水样，放入 25 ml 比色管中，接着按标准曲线的绘制步骤进行，测定吸光度值，在标准曲线上查出水样中总铁含量。

3. Fe^{2+}的测定

用移液管吸取 10.00 ml 水样，放入 25 ml 比色管中，不加 NH$_2$OH·HCl 溶液，以下按绘制标准曲线步骤进行，测定吸光度值，在标准曲线上查出水样中 Fe^{2+}的含量。

六、数据记录与处理

1. 标准曲线的绘制

将数据记录入表 2.17 中。

表 2.17　标准曲线数据

	1	2	3	4	5	6	7
铁标准使用液加入量/ml	0.0	0.50	1.00	1.50	2.00	3.00	5.00
Fe 含量/μg	0.0	5.0	10.0	15.0	20.0	30.0	50.0
Fe 浓度/(mg/L)	0.0	0.20	0.40	1.00	1.40	2.00	2.80
吸光度 A							

2. 铁含量的计算

$$铁(Fe，mg/L) = m/V$$

式中，m——根据标准曲线计算出的水样中铁的含量（μg）；

　　　V——取样体积（ml）。

3. 水样的测定

水样中总 Fe：吸光度 A = ____，Fe(μg) = ____，Fe(mg/L) = ____。

水样中 Fe^{2+}：吸光度 A = ____，Fe^{2+}(μg) = ____，Fe^{2+}(mg/L) = ____。

水样中 Fe^{3+}：Fe^{3+}(mg/L) = ____。

七、注意事项与思考题

（1）每次测定前，应先用蒸馏水进行比色皿的校正实验。

（2）拿取比色皿时，只能用手指捏住毛玻璃的两面，手指不得接触其透光面。盛好溶液（至比色皿高度的 4/5）后，先用滤纸轻轻吸去外部的水或溶液，再用擦镜纸轻轻擦拭透光面，直至洁净透明。另外，还应注意比色皿内不得黏附小气泡，否则影响透光率。

（3）测量之前，比色皿需用被测溶液荡洗 2～3 次，然后再盛溶液。比色皿用毕后，应立即取出，用自来水及蒸馏水洗净，倒立晾干。

（4）本实验中配制铁标准溶液的硫酸亚铁铵是分析纯试剂，显色时为什么还要加盐酸羟胺？

（5）本实验吸取各溶液时，哪些应用移液管或吸量管？哪些可用量筒？为什么？

实验十五　紫外分光光度法测定水中的苯酚

一、实验目的

（1）了解水中苯酚测定的重要性。

（2）掌握紫外分光光度法测定水中苯酚的原理和方法。

（3）了解紫外分光光度计的结构、性能并能熟练使用。

二、实验原理

苯酚是工业废水中一种有害污染物质，如果流入江河，会使水质受到污染，因此在检验饮用水的卫生质量时，需对水中苯酚含量进行测定。

具有苯环结构的化合物在紫外光区均有较强的特征吸收峰，在苯环上的第一类取代基（致活基团）使吸收更强。苯酚的碱性溶液（pH=10～12 时）在紫外光区 270～295 nm 有较强吸收，通常选择测试波长为 288 nm 左右，也可用紫外分光光度计对苯酚溶液进行扫描，取波长扫描后的最大吸收波长 λ_{max} 作为定量分析测定波长。在 λ_{max} 处测定不同浓度苯酚标准样品的吸光度值，根据标准曲线可得出未知样品中苯酚的含量。

三、实验仪器

（1）紫外分光光度计。

（2）石英比色皿。

（3）容量瓶、移液管。

（4）具塞磨口比色管（25 ml）。

四、实验试剂

（1）无酚水：在去离子水中加入适量的活性炭（每升水中加入经活化后的活性炭 0.2 g），充分振荡后放置过夜，用双层滤纸过滤即可制得无酚水。本实验中配制溶液均使用无酚水。

（2）苯酚标准使用液（250 mg/L）：准确称取 0.0250 g 苯酚于 250 ml 烧杯中，加去离子水 20 ml 使之溶解，加入 0.1 mol/L NaOH 2 ml，混合均匀。转移至 100 ml 容量瓶中，用去离子水稀释至刻度线，摇匀。使用时当天配制。

（3）NaOH（0.1 mol/L）：称取 0.4000 g 氢氧化钠固体（AR）置于无酚水中，并稀释至 100 ml。

五、实验步骤

1. 系列标准溶液的配制

取 5 支 25 ml 比色管，贴上标签，分别加入 1.00 ml、2.00 ml、3.00 ml、4.00 ml、5.00 ml 苯酚标准使用液，用无酚水稀释至刻度，摇匀待测。

2. 吸收曲线的测定

取上述系列标准溶液中任一溶液，用 1 cm 石英比色皿，以溶剂空白作参比，在 220~350 nm 波长范围内，每 5 nm 测定一次吸光度。绘制吸收曲线，确定苯酚的最大吸收波长（λ_{max}）。

3. 标准曲线的测定

在苯酚的最大吸收波长（λ_{max}）下，用 1 cm 石英比色皿，以溶剂空白作参比，测定系列标准溶液的吸光度。

4. 水样的测定

与测量系列标准溶液的相同条件下，测定水样的吸光度。

六、数据记录与处理

1. 吸收曲线的绘制

记录不同波长下同一标准溶液的吸光度值于表 2.18 中，以吸光度 A 为纵坐标，波长 λ 为横坐标绘制吸收曲线。从曲线上查到溶液的最大吸收波长 λ_{max}，即为测量苯酚的工作波长。

表 2.18　吸收曲线测定记录表

波长 λ/nm	220	225	230	235	240	245	250	255	260
吸光度 A									
波长 λ/nm	265	270	275	280	285	290	295	300	305
吸光度 A									
波长 λ/nm	310	315	320	325	330	335	340	345	350
吸光度 A									

2. 标准曲线的绘制

记录系列标准溶液的吸光度于表 2.19 中，以吸光度 A 为纵坐标，系列标准溶液浓度 c 为纵坐标，绘制标准曲线。

表 2.19 标准曲线测定记录表

苯酚标准溶液	1	2	3	4	5
加入标准使用液体积/ml	1.00	2.00	3.00	4.00	5.00
苯酚浓度/(mg/L)	10	20	30	40	50
吸光度 A					

3. 水样中苯酚含量的计算

记录水样的吸光度值，根据水样的吸光度查找出其相当的标准溶液的浓度并算出水样中苯酚的含量（mg/L）。

七、注意事项与思考题

（1）未获得准确数据，在使用分光光度计时，哪些操作必不可少？
（2）紫外分光光度法定性、定量分析的依据是什么？
（3）紫外分光光度法与可见分光光度法有何异同？所用仪器有何异同？
（4）本实验中为什么使用石英比色皿？

拓展学习：UV-1200 型紫外可见分光光度计的使用

UV-1200 型紫外可见分光光度计外形如图 2.5 所示，测量波长包括 200～1000 nm 的紫外、可见、近红外光谱区域，可以实现对样品物质进行定性和定量分析。

图 2.5 UV-1200 型紫外可见分光光度计

1. 仪器自检和预热

连接电源，打开仪器开关，开机后进入系统自检过程。在自检状态，仪器会自动对滤色片、灯源切换、检测器、知灯、鸽灯、波长校正、系统参数和暗电流边行检测。如果某一项自检出错，仪器会自动鸣叫报警，同时显示错误项，用户可按任意键跳过，继续自检下一项。

自检结束后，仪器进入预热状态，预热时间为 20 min，预热结束后仪器会自动检测暗电流一次。

仪器自检和预热结束后进入主界面。按"MODE"键可以在 T、A、C、F 间自由转换，分别实现透过率测试、吸光度测试、标准曲线和系数法等功能。

2. 透过率测试

在此功能下，可进行固定波长下的透过率测量，也可以将测量结果打印输出。

1）设定工作波长

在系统主界面下，系统的默认功能为透过率测试，此时直接按"GOTO λ"键可以进入波长设定界面。按上下键改变波长值，按"ENTER"键确认。波长设置完成后自动返回上级界面。

2）调 0.000A/100.0%T

按"ZERO"键对当前工作波长下的空白样品进行调 100.0%T。

注意：在调 100.0%T 之前记得将空白样品拉（推）入光路中，否则调 100.0%T 的结果不是空白液的 100.0%T，这样会使测量结果不正确。

校 100.0%T 完成后，把待测样品拉（推）入光路，此时屏幕上显示的即为该样品的透过率值。如需进行数据记录，则可接如下步骤进行。

3）多样品测量

把空白样品拉（推）入光路，按"ENTER"键进入数据记录界面，进入该界面后系统自动校空白。把待测样品拉（推）入光路，按"START"键，则系统自动记录该次测量结果并显示在屏幕上。如需测试其他样品，则重复上述步骤即可。

4）数据打印与清除

数据存储区最多可存储 200 组数据，如想打印或消除已测量数据，可在测量结果显示界面下，按"PRINT/CLEAR"键，进入打印或删除选择界面。用上下键选择对应的操作即可。若因误操作进入此界面或不想删除数据可按"ESC"键返回上级界面，或选定"取消"后按"ENTER"键返回上级界面。

注意：如果系统未连接打印机，则选择"打印数据"后系统会报警返回。如果连接打印机且正常打印后，系统会将所有数据全部消除。

3. 吸光度测试

按"MODE"键切换到 A 模式，其他操作与透过率测试相同。

4. 标准曲线法

标准曲线法是用已知浓度的标准样品，建立标准曲线，然后用所建立的标准曲线来测量未知样品浓度的一种定量测试方法。

1）进入标准曲线法主界面（C 模式）

按"MODE"键直至光标切换到"C"上即进入标准曲线模式。标准曲线法功能框架图如图 2.6 所示。

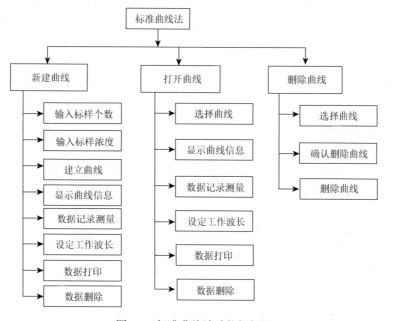

图 2.6　标准曲线法功能框架图

2）新建曲线

在标准曲线法主界面下，按上下键选定"新建曲线"（新建曲线左边圆圈内有圆点表示选定），按"ENTER"键进入建立标准曲线步骤。根据仪器界面的提示逐步操作。

第一步：输入标准样品个数：选定"新建曲线"后，按"ENTER"键，进入标准样品个数设定界面。按上下键选择样品个数按"ENTER"键确认。

注意：①标样数的设定范围为：1～12。②请在此界面下进行波长设定，设定方法如前。

第二步：标准样品浓度设定：当样品个数输入完成后自动进入标样设定截面。首先将参比样品拉入光路，按"ZERO"键校正空白。然后根据提示将 1 号标样拉入光路，并输入 1 号标准样品的浓度，输完最后一位数字后按"ENTER"键，则系统会自动记录其吸光度值并转入 2 号标样浓度输入界面。此时将 2 号标样拉入光路，并参照 1 号标样的输入方法输入 2 号标样的浓度。重复上述步骤，直至最后一个标样的浓度输入完成。

第三步：绘制标准曲线：当最后一个标样的浓度输入完成并按"ENTER"键确认后，系统会自动显示所建立的标准曲线与曲线方程和相关系数 R。

注意：①浓度的设定范围为：$0\sim9999.9$，否则视为无效，需要重新输入。标准样品一般按照浓度由低向高依次放入光路中，即 1 号样品往往是配制的标准样品中浓度最低的。②仪器在曲线建立过程中，若系统认为采入的数据有误（有可能是操作错误，也有可能是溶液配制有问题），则会蜂鸣 3 声后返回主界面，且标准曲线无法正常汇出。

第四步：进入浓度测试界面：在标准曲线显示界面下，按"START"键即可进入浓度测试界面。

第五步：未知样浓度测定：将参比溶液拉（推）入光路中，调 0.000A/100.0%，再将未知浓度的样品拉（推）入光路中，按"START"键，显示器上便可显示相应的浓度。重复上述步骤，可以完成多个样品的浓度测试。

第六步：数据的打印或删除：系统最多可以存储 200 组测试数据。若按"PRINT"键即可进入打印选择界面。如果仪器连接了打印机，可以选择"打印数据"然后按"ENTER"进行数据打印。如果系统未连接打印机且用户仅想消除存储数据，可直接选择"删除数据"后按"ENTER"键确认。

注意：打印数据后，系统内的存储数据将被清除。

3）打开曲线

所有建立的曲线都会被自动存储在系统里并按顺序自动编号，下次使用时可以直接调出曲线进行测试，无需重复建立。当您想调用曲线时，在标准曲线法主界面下，用上下键选定"打开曲线"（打开曲线左边圆圈内有圆点表示选定），按"ENTER"键即可进入已建曲线选择界面。

系统共可存储 50 条标准曲线。进入曲线选择界面后，用上下键将光标移动到您需要的曲线方程上，按"ENTER"键确认，则系统会显示出曲线。再按"START"键即可用所选定的曲线对未知浓度样品进行测试。具体操作步骤同前所述。

4）删除曲线

此功能用来删除已保存的曲线，若要删除某条曲线，在标准曲线法主界面下，用上下键，选定"删除曲线"，按"ENTER"键进入删除曲线选择界面。用上下键选定要删除的曲线方程，按"ENTER"键进入删除再确认界面，选择"是"并按"ENTER"键后曲线即被删除，同时返回上级菜单。如不想删除曲线，可选择"否"后按"ENTER"返回上级菜单，也可直接按"ESC"键返回。

5. 系数法

系数法是工作曲线法的简单应用，如果用户已知曲线方程，可以直接将方程的系数 K 和 B 输入仪器，并利用该方程进行未知浓度样品的测试。

1）进入系数法主界面（F 模式）

在定量测量主界面下，按"MODE"键切换光标到"F"上即可进入系数法测量主界面。

2）设定系数 K

用上下键将光标移动到"曲线参数 K"上，按"ENTER"键确认，系统即进入 K 设定界面。K 值的设定方法同前面建立标准曲线中浓度的输入方法相同。需要注意的是在输入 K 值前，首先要对 K 值的正负进行选择。当 K 值的最后一位输入完成后，系统向动返回到上一级界面。

3）设定系数 B

用上下键将光标移动到"曲线参数 B"上，按"ENTER"键确认，系统即进入参数 B 设定界面。方法同 K 值设定。B 值设定好并确认后，系统自动返回到上级界面。

4）测试

用上下键将光标移动到"测试"上，并交"ENTER"键确认，则系统进入到预测试界面，继续按"ENTER"键进入到数据记录界面。

此时将参比液放入光路，按"ZERO"键调 100%T，然后把待测样品拉入光路，按"START"键进行测试，系统将测试结果自动存储。系统共可存储 200 组数据。注意：如果波长未设定，需要在预测试界面或测试界面进行波长设定。

5）数据的打印与删除

方法可参考前述内容。

实验十六　水中氨氮的测定——纳氏试剂分光光度法

一、实验目的

（1）理解水中氨氮的概念及测定原理。

（2）掌握纳氏试剂分光光度法测定水中的氨氮。

二、实验原理

氨氮（NH_3-N）是指水中以游离氨（NH_3）和铵离子（NH_4^+）形式存在的氮，测定的是氨，但结果以氮的量表示出来。水中游离氨和铵离子的组成比取决于水的 pH 和水温。当 pH 偏高、水温较低时，游离氨的比例较高；反之则铵盐的比例高。氨氮是水体中的营养素，可导致水富营养化现象产生，是水体中的主要耗氧污染物，对鱼类及某些水生生物有毒害。

氨氮的检测方法通常有纳氏试剂分光光度法、苯酚-次氯酸盐（或水杨酸-次氯酸盐）分光光度法和电极法等。纳氏试剂分光光度法具有操作简便、灵敏等特点。测定原理是氨氮跟纳氏试剂反应生成淡红棕色络合物，该络合物的吸光度与氨氮含量成正比，于波长 420 nm 处测量其吸光度，可换算出氨氮的量。本法适用于地表水、地下水、工业废水和生活污水中氨氮的测定。当水样体积为 50 ml，使用 20 mm 比色皿时，本法的检出限为 0.025 mg/L，测定上限为 2.0 mg/L（以 N 计）。

水样中含有悬浮物、余氯、钙、镁等金属离子、硫化物和有机物时会产生干扰，含有此类物质时要作适当处理，以消除对测定的影响。若样品中存在余氯，可加入适量的硫代硫酸钠溶液去除，用淀粉-碘化钾试纸检验余氯是否除尽。在显色时加入适量的酒石酸钾钠溶液，可消除钙、镁等金属离子的干扰。若水样浑浊或有颜色时，可用预蒸馏法或絮凝沉淀法处理。脂肪胺、芳香胺、醛类、丙酮、醇类和有机氯胺类等有机化合物，以及铁、锰、镁和硫等无机离子，因产生异色或者无机干扰，使水中颜色或浑浊亦影响比色。为此，须经絮凝沉淀或蒸馏预处理，易挥发的还原干扰性物质还可在酸性条件下加热以除去。对金属离子的干扰，可加入适量的掩蔽剂以消除。

三、实验仪器

（1）pH 计。

（2）氨氮蒸馏装置。

（3）可见分光光度计。

（4）玻璃比色皿。

四、实验试剂

在测定过程中，除非另有说明，所用试剂均使用分析纯化学试剂，实验用水均为无氨水。

（1）纳氏试剂：可选择下列一种方法制备。

①氯化汞-碘化钾-氢氧化钾（$HgCl_2$-KI-KOH）溶液：称取 5.0 g 碘化钾（KI）溶于约 10 ml 水中，边搅拌边分次加入少量氯化汞（$HgCl_2$）粉末(约 2.5 g)，直到溶液呈深黄色或出现淡红色沉淀溶解缓慢时，充分搅拌混合，并改为滴加饱和氯化汞溶液，当出现少量朱红色沉淀不再溶解时，停止滴加。另称取 15.0 g 氢氧化钾（KOH）溶于水，并稀释至 50 ml。充分冷却至室温后，将上述溶液在搅拌下，徐徐加入氢氧化钾溶液中，用水稀释至 100 ml，混匀。于暗处静置 24 h，将上清液移入聚乙烯瓶中，用橡皮塞或聚乙烯盖子盖紧，暗处存放，可稳定 1 个月。

②碘化汞-碘化钾-氢氧化钠（HgI_2-KI-NaOH）溶液：称取 16.0 g 氢氧化钠（NaOH），溶于 50 ml 水中，充分冷却至室温。另取 7.0 g 碘化钾（KI）和 10.0 g 碘化汞（HgI_2）溶于水，将此溶液在搅拌下徐徐加入上述氢氧化钠溶液中，用水稀释至 100 ml。储于聚乙烯瓶中，用橡皮塞或聚乙烯盖子盖紧，暗处存放，有效期 1 年。

（2）酒石酸钾钠溶液（ρ=500 g/L）：称取 50.0 g 四水合酒石酸钾钠（$KNaC_4H_4O_6 \cdot 4H_2O$）溶于 100 ml 水中，加热煮沸以除去氨，充分冷却后稀释至 100 ml。

（3）轻质氧化镁：不含碳酸盐，在 500℃下加热氧化镁（MgO），以除去碳酸盐。

（4）盐酸（ρ_{HCl}=1.18 g/ml）。

（5）硫代硫酸钠溶液（ρ=3.5 g/L）：称取 3.5 g 硫代硫酸钠（$Na_2S_2O_3$）溶于水中，稀释至 1000 ml。

（6）硫酸锌溶液（ρ=100 g/L）：称取 10.0 g 七水合硫酸锌（$ZnSO_4 \cdot 7H_2O$）溶于水中，稀释至 100 ml。

（7）硼酸溶液（ρ=20 g/L）：称取 20.0 g 硼酸(H_3BO_3)溶于水中，稀释至 1000 ml。

（8）溴百里酚蓝指示剂（ρ=0.5 g/L）：称取 0.05 g 溴百里酚蓝溶于 50 ml 水中，加入 10 ml 无水乙醇，用水稀释至 100 ml。

（9）氢氧化钠溶液（c=1 mol/L）：称取 4 g 氢氧化钠（NaOH）溶于水中，定容至 100 ml。

（10）盐酸溶液（c=1 mol/L）：吸取 8.5 ml 盐酸（HCl）于 100 ml 容量瓶中，用水稀释至刻度线。

（11）淀粉-碘化钾试纸：称取 1.5 g 可溶性淀粉于烧杯中，用少量水调成糊状，加入 200 ml 沸水，搅拌混匀放冷。加 0.50 g 碘化钾和 0.50 g 碳酸钠，用水稀释至 250 ml。将滤纸条浸渍后，取出晾干，于棕色瓶中密封保存。

（12）氨氮标准储备溶液（ρ_N=1000 μg/ml）：称取 3.8190 g 经 105℃干燥 2 h 的优级纯氯化铵（NH_4Cl），溶于水中，再移入 1000 ml 容量瓶中，稀释至刻度线。此溶液可在 2～5℃保存 1 个月。

（13）氨氮标准工作溶液（ρ_N=10 μg/ml）：吸取 5.00 ml 氨氮标准储备溶液于 500 ml 容量瓶中，稀释至刻度线。此溶液临用前配制。

五、实验步骤

1. 样品采集与保存

水样采集在聚乙烯瓶或玻璃瓶内，要尽快分析。如需保存，应加硫酸使水样酸化至 pH<2，2～5℃下可保存 7 d。

2. 样品预处理

除余氯：若样品中存在余氯，可加入适量的硫代硫酸钠溶液去除。每加 0.5 ml 可去除 0.25 mg 余氯。用淀粉-碘化钾试纸检验余氯是否除尽。

絮凝沉淀：100 ml 样品中加入 1 ml 硫酸锌溶液和 0.1～0.2 ml 氢氧化钠溶液，调节 pH 约为 10.5，混匀，放置使之沉淀，倾取上清液分析。必要时，用经水冲洗过的中速滤纸过滤，弃去初滤液 20 ml。也可对絮凝后的样品进行离心处理。

3. 预蒸馏

将 50 ml 硼酸溶液移入接收瓶内，确保冷凝管出口在硼酸溶液液面之下。用量筒分取 250 ml 水样（如氨氮含量高，可适当少取，加水至 250 ml），移入烧瓶中，加几滴溴百里酚蓝指示剂。必要时，用氢氧化钠溶液或盐酸溶液调节 pH 至 6.0（指示剂呈黄色）～7.4（指示剂呈蓝色），加入 0.25 g 轻质氧化镁及数粒玻璃珠，立即连接氮球和冷凝管。加热蒸馏，使馏出液速率约为 10 ml/min，待馏出液达 200 ml 时，将导管离开吸收液面，再停止加热。加无氨水定容至 250 ml。

4. 标准曲线的绘制

分别吸取 0.00 ml、0.50 ml、1.00 ml、2.00 ml、4.00 ml、6.00 ml、8.00 ml 和 10.00 ml 氨氮标准工作溶液于 50 ml 比色管中，加水定容至刻度线，其对应的氨氮含量分别是 0.0 μg、5.0 μg、10.0 μg、20.0 μg、40.0 μg、60.0 μg、80.0 μg 和 100.0 μg。分别加 1.0 ml 酒石酸钾钠溶液，混匀，再加 1.5 ml 纳氏试剂①或 1.0 ml 纳氏试剂

②，混匀。放置 10 min 后，在波长 420 nm 处，以水为空白，测定吸光度。

以空白校正后的吸光度为纵坐标，以其对应的氨氮含量（μg）为横坐标，绘制标准曲线（曲线的线性要求在 0.999 以上）。

5. 水样的测定

（1）清洁水样：直接取 50 ml，按与标准曲线相同的步骤测量吸光度。

（2）有悬浮物或色度干扰的水样：取经预处理的水样 50 ml（若水样中氨氮浓度超过 2 mg/L，可适当少取水样体积），按与标准曲线相同的步骤测量吸光度。

注意：经蒸馏或在酸性条件下煮沸方法预处理的水样，须加一定量氢氧化钠溶液，调节水样至中性，用水稀释至 50 ml，再按与标准曲线相同的步骤测量吸光度。

6. 空白试验

以无氨水代替水样，按与样品相同的步骤进行前处理和测定。

六、数据记录与处理

1. 标准曲线的绘制

记录系列标准溶液对应吸光度值于表 2.20。以吸光度 A 为纵坐标，氨氮含量（μg）为横坐标，绘制标准曲线。

表 2.20　标准溶液测定结果

氨氮标准使用液加入量/ml	0.00	0.50	1.00	2.00	4.00	6.00	8.00	10.00
氨氮含量/μg								
吸光度值 A								
校正值 $A–A_0$								

2. 水样的计算

（1）水样吸光度的校正值 A_r 按式（1）计算：

$$A_r = A_s - A_b \tag{1}$$

式中，A_s——水样测得吸光度；

A_b——空白试验测得吸光度；

由校正吸光度 A_r 值，从标准曲线上查得相应的氨氮的含量 m_N（μg）。

（2）水样的氨氮浓度按式（2）计算：

$$c_N = \frac{m_N}{V} \tag{2}$$

式中，c_N——氨氮浓度（mg/L）；

m_N ——相应于校正吸光度 A_r 的氨氮含量（μg）；

V ——取水样体积（ml）。

注意：水样体积取 50 ml 时，结果以三位小数表示。取三个平行样测定结果的算术平均值为测定结果。

七、思考题

（1）氨氮的测定除了纳氏试剂分光光度法，还有其他方法吗？测定原理是什么？

（2）氨氮的测定为什么要用无氨水？无氨水的制备方法有哪些？

（3）水样预蒸馏结束之前，为什么要将导管离开液面之后再停止加热？

实验十七 水中亚硝酸盐氮的测定——*N*-（1-萘基）-乙二胺分光光度法

一、实验目的

（1）理解水中亚硝酸盐氮的概念和测定方法。

（2）掌握 *N*-（1-萘基）-乙二胺分光光度法测定亚硝酸盐氮的原理和操作方法。

二、实验原理

亚硝酸盐氮（$NO_2^- \text{-N}$）是以亚硝酸盐形式存在的氮，测定的是亚硝酸盐，但测定结果以氮的量表示。亚硝酸盐氮是含氮有机物受细菌作用分解的中间产物，在水中不稳定，在氧和微生物的作用下易被氧化成硝酸盐，在缺氧条件下也可被还原成氨。一般饮用水中亚硝酸盐氮含量很低，不会对人体健康产生影响。某些地下水可能会由于地层结构的还原作用出现较高的亚硝酸盐。

在磷酸介质中，pH 为 1.8 时，亚硝酸盐与 4-氨基苯磺酰胺反应生成重氮盐，再与 *N*-（1-萘基）-乙二胺二盐酸盐偶联生成红色偶氮染料，在 540 nm 波长处测定吸光度。本方法适用于饮用水、地面水、地下水、生活污水和工业废水中亚硝酸盐的测定。最低检出浓度为 0.003 mg/L，测定上限为 0.20 mg/L 亚硝酸盐氮。

三、实验仪器

（1）可见分光光度计。

（2）玻璃比色皿。

（3）50 ml 具塞磨口比色管。

四、实验试剂

在测定过程中，除非另有说明，均使用分析纯化学试剂，实验用水应为无亚硝酸盐的二次蒸馏水。

（1）无亚硝酸盐水：于蒸馏水中加少许高锰酸钾晶体，使呈红色，再加氢氧化钡（或氢氧化钙）使呈碱性。置全玻璃蒸馏器中蒸馏，弃去 50 ml 初馏液，收集中间约 70%不含锰的馏出液。亦可于每升蒸馏水中加 1 ml 浓硫酸和 0.2 ml 硫酸锰溶液（每 100 ml 水中含 36.4 g MnSO₄·H₂O），加入 1～3 ml 0.04%高锰酸钾溶液至呈红色，重蒸馏。

（2）磷酸（$\rho = 1.70$ g/ml）。

（3）硫酸（$\rho = 1.84$ g/ml）。

（4）磷酸（1+9 溶液，1.5 mol/L）：溶液至少可稳定 6 个月。

（5）显色剂：于 500 ml 烧杯内加入 250 ml 水和 50 ml 磷酸、20.0 g 4-氨基苯磺酰胺。再将 1.00 g N-(1-萘基)-乙二胺二盐酸盐溶于上述溶液中，转移至 500 ml 容量瓶中，用水稀释至刻度线，混匀。此溶液储于棕色瓶中，保存在 2～5℃，至少可稳定一个月。注意：本试剂有毒性，避免与皮肤接触或吸入体内。

（6）亚硝酸盐氮标准储备液（$c_N = 250$ mg/L）：称取 1.232 g 亚硝酸钠（NaNO₂），溶于 150 ml 水中，转移至 1000 ml 容量瓶中，用水稀释至刻度线。此溶液储存棕色瓶中，加入 1 ml 三氯甲烷，保存在 2～5℃，至少稳定一个月。

储备液的标定如下：在 300 ml 具塞锥形瓶中，移入 50.00 ml 0.050 mol/L 高锰酸钾溶液，5 ml 浓硫酸，用 50 ml 无分度吸管，使下端插入高锰酸钾溶液液面下，加入 50.00 ml 亚硝酸钠标准储备液，轻轻摇匀，置于水浴水加热至 70～80℃，按每次 10.00 ml 的量加入足够的草酸钠标准溶液，使红色褪去并过量，记录草酸钠标准溶液用量(V_2)。然后用高锰酸钾标准溶液滴定过量草酸钠至溶液呈微红色，记录高锰酸钾标准溶液总用量（V_1）。再以 50 ml 水代替亚硝酸盐氮标准储备液，如上操作，用草酸钠标准溶液标定高锰酸钾溶液的浓度（c_1）。

按式（1）计算高锰酸钾标准溶液浓度 c_1（1/5KMnO₄, mol/L）：

$$c_1 = \frac{0.0500 \times V_4}{V_3} \tag{1}$$

按式（2）计算亚硝酸盐氮标准储备液的浓度 c_N（mg/L）：

$$c_N = \frac{(V_1 c_1 - 0.0500 V_2) \times 7.00 \times 1000}{50.00} \tag{2}$$
$$= 140 V_1 c_1 - 7.00 V_2$$

式中，V_1——滴定亚硝酸盐氮标准储备液时加入高锰酸钾标准溶液总量（ml）；

V_2——滴定亚硝酸盐氮标准储备液时，加入草酸钠标准溶液总量（ml）；

V_3——滴定实验用水时，加入高锰酸钾标准溶液总量（ml）；

V_4——滴定实验用水时，加入草酸钠标准溶液总量（ml）；

7.00——亚硝酸盐氮（1/2N）的摩尔质量（g/mol）；

50.00——亚硝酸盐标准储备液取用量（ml）；

0.0500——草酸钠标准溶液浓度（1/2Na₂C₂O₄, mol/L）。

（7）亚硝酸盐氮标准中间液 $c_N = 50.0$ mg/L：取 50 ml 亚硝酸盐标准储备液置于 250 ml 容量瓶中，用水稀释至刻度线。中间液储于棕色瓶内，保存在 2～5℃，可稳定一周。

（8）亚硝酸盐标准使用液 $c_N = 1.00$ mg/L：取 10.00 ml 亚硝酸盐标准中间液，置于 500 ml 容量瓶中，用水稀释至刻度线。此溶液使用当天配制。

（9）氢氧化铝悬浮液：溶解 125 g 十二水合硫酸铝钾[KAl(SO$_4$)$_2$·12H$_2$O]或十二水合硫酸铝铵[NH$_4$Al(SO$_4$)$_2$·12H$_2$O]于 1000 ml 水中，加热至 60℃，在不断搅拌下，徐徐加入 55 ml 氨水，放置约 1 h 后，移入 1000 ml 量筒内，用水反复洗涤沉淀，最后至洗涤液中不含亚硝酸盐为止。澄清后，把上清液尽量全部倾出，只留稠的悬浮物，最后加入 300 ml 水，使用前应振荡均匀。

（10）高锰酸钾标准溶液（1/5KMnO$_4$，0.050 mol/L）：溶解 1.6 g 高锰酸钾于 1200 ml 水中，煮沸 0.5～1 h，使体积减小到 1000 ml 左右，放置过夜。用 G-3 号玻璃砂芯滤器过滤后，滤液储存于棕色试剂瓶中避光保存，按上述方法标定。

（11）草酸钠标准溶液（1/2Na$_2$C$_2$O$_4$，0.0500 mol/L）：溶解经 105℃烘干 2 h 的优级纯无水草酸钠 3.350 g 于 750 ml 水中，移入 1000 ml 容量瓶中，稀释至刻度线。

（12）酚酞指示剂（10 g/L）：0.5 g 酚酞溶于 95%（V/V）乙醇 50 ml 中。

五、实验步骤

1. 水样的采集和保存

采用玻璃瓶或聚乙烯瓶采集水样，亚硝酸盐在水中可受微生物等作用而很不稳定，在采集后应尽快进行分析。若不能立即测定，可于每升水样中加入 40 mg 氯化汞抑菌，并置 4℃冰箱避光保存，可稳定 1～2 d。

2. 水样的预处理

水样如呈碱性（pH≥11）时，可加酚酞溶液 1 滴作为指示剂，边搅拌边滴加磷酸至红色刚好消失。水样如有颜色和悬浮物，可向每 100 ml 试样中加入 2 ml 氢氧化铝悬浮液，搅拌静置过滤，弃去 25 ml 初滤液后，再取水样测定。如有大量的硫化氢干扰测定，可在加入磺胺后用氮气驱除硫化氢。

3. 标准曲线的绘制

取 6 支 50 ml 比色管，分别加入 0.00 ml、1.00 ml、3.00 ml、5.00 ml、7.00 ml 和 10.0 ml 亚硝酸盐标准使用液，用水稀释至刻度线。加入 1.0 ml 显色剂，密塞，混匀。静置 20 min 后，在 2 h 以内，于波长 540 nm 处，用光程长 10 mm 比色皿，以实验用水为参比，测量吸光度。从测得的吸光度，减去零浓度空白管的吸光度后，获得校正吸光度，绘制以氮含量（μg）对校正吸光度的标准曲线。

4. 水样的测定

分取经预处理的水样于 50 ml 比色管中（如含量较高，则分取适量，用水稀释至刻度线），加 1.0 ml 显色剂，然后按标准曲线绘制的相同步骤操作，测量吸光度 A_s。经校正后，从标准曲线上查得亚硝酸盐氮量。

5. 空白试验

用实验用水代替水样，按水样测定的方法进行测定吸光度 A_b。

6. 色度校正

如果经过预处理水样还具有颜色时，取相同体积的另一份水样，不加显色剂改加磷酸 1.0 ml，其他步骤按水样测定的方法进行测定吸光度 A_c。

六、数据记录与处理

1. 标准曲线的绘制

记录系列标准溶液对应吸光度值于表 2.21 中。以吸光度校正值 $A-A_0$ 为纵坐标，亚硝酸盐氮含量（μg）为横坐标绘制标准曲线。

表 2.21　标准溶液测定结果

亚硝酸盐氮标准使用加入量/ml	0.00	1.00	3.00	5.00	7.00	10.00
亚硝酸盐氮含量/μg						
吸光度值 A						
校正值 $A-A_0$						

2. 水样的计算

（1）水样吸光度的校正值 A_r 按式（2.3）计算：

$$A_r = A_s - A_b - A_c \tag{2.3}$$

式中，A_s——水样测得吸光度；

　　　A_b——空白试验测得吸光度；

　　　A_c——色度校正测得吸光度。

由校正吸光度 A_r 值，从标准曲线上查得相应的亚硝酸盐氮的含量 m_N（μg）。

（2）水样的亚硝酸盐氮浓度按式（2.4）计算：

$$c_N = \frac{m_N}{V} \tag{2.4}$$

式中，c_N——亚硝酸盐氮浓度（mg/L）；

m_N——相应于校正吸光度 A_r 的亚硝酸盐氮含量（μg）；

V——取水样体积（ml）。

注意：水样体积取 50 ml 时，结果以三位小数表示。取三个平行样测定结果的算术平均值为测定结果。

七、思考题

（1）亚硝酸盐的测定除了 N-（1-萘基）-乙二胺分光光度法，还有其他方法吗？简述测定原理。

（2）在亚硝酸盐氮分析过程中，哪些物质会干扰测定？如何消除？

实验十八　水中硝酸盐氮的测定——酚二磺酸分光光度法

一、实验目的

（1）理解水中硝酸盐氮的概念和测定方法。
（2）掌握酚二磺酸光度法测定硝酸盐氮的原理和操作方法。

二、实验原理

水中硝酸盐氮（$NO_3^- $-N）是以硝酸盐形式存在的氮，测定的是硝酸盐，但测定结果以氮的量表示处理。在有氧环境下，各种形态的含氮化合物中硝酸盐是最稳定的氮化合物，亦是含氮有机物经无机化作用最终阶段的分解产物。水中的硝酸盐氮含量过高会对人体造成危害。

水中硝酸盐氮的测定方法较多，常用的有酚二磺酸光度法、紫外分光光度法、离子色谱法等。酚二磺酸光度法测量范围较宽，显色稳定。硝酸盐在无水情况下与酚二磺酸反应，生成硝基二磺酸酚，在碱性溶液中生成黄色化合物，用分光光度计在 410 nm 波长处进行测定。本法适用于测定饮用水、地下水和清洁地表水中的硝酸盐氮。最低检出浓度为 0.02 mg/L，测定上限为 2.0 mg/L。

水中含氯化物、亚硝酸盐、铵盐、有机物和碳酸盐时，可产生干扰，含此类物质时，应作适当的前处理。

三、实验仪器

（1）可见分光光度计。
（2）玻璃比色皿。
（3）瓷蒸发皿（75～100 ml）。
（4）具塞磨口比色管（50 ml）。

四、实验试剂

在测定过程中，除非另有说明，均使用分析纯化学试剂，实验用水应为无硝酸盐的二次蒸馏水。

（1）酚二磺酸[$C_6H_3(OH)(SO_3H)_2$]：称取 25 g 苯酚（C_6H_5OH）置于 500 ml 锥形瓶中，加 150 ml 浓硫酸使之溶解，再加 75 ml 发烟硫酸[含 13%三氧化硫（SO_3）]，充分混合。瓶口插一小漏斗，小心置瓶于沸水浴中加热 2 h，得淡棕色稠液，储于棕色瓶中，密塞保存。

注意：当苯酚色泽变深时，应进行蒸馏精制。无发烟硫酸时，亦可用浓硫酸代替，但应增加在沸水浴中加热时间至 6 h。制得的试剂尤应注意防止吸收空气中的水气，以免随着硫酸浓度降低影响硝基化反应的进行，使测定结果偏低。

（2）氨水（$NH_3 \cdot H_2O$）：$\rho = 0.90$ g/ml。

（3）硝酸盐氮标准储备液（$c_N = 100$ mg/L）：称取 0.7218 g 经 105～110℃干燥 2 h 的硝酸钾（KNO_3）溶于水，移入 1000 ml 容量瓶中，稀释至刻度线，混匀。加 2 ml 三氯甲烷（$CHCl_3$）作保存剂，至少可稳定 6 个月。

（4）硝酸盐标准使用液（$c_N = 10$ mg/L）：吸取 50.0 ml 硝酸盐标准储备液，置蒸发皿内，加 0.1 mol/L 氢氧化钠溶液使调至 pH 为 8，在水浴上蒸发至干。加 2 ml 酚二磺酸，用玻璃棒研磨蒸发皿内壁，使残渣与试剂充分接触，放置片刻，重复研磨一次，放置 10 min，加入少量水溶解后，移入 500 ml 容量瓶中，稀释至刻度线，混匀。储于棕色瓶中，此溶液至少稳定 6 个月。

注意：本标准溶液应同时制备两份，用以检查硝化完全与否。如发现浓度存在差异时，应重新吸取标准储备液进行制备。

（5）硫酸银溶液：称取 4.397 g 硫酸银（Ag_2SO_4）溶于水，移至 1000 ml 容量瓶中，用水稀释至刻度线。1.00 ml 此溶液可去除 1.00 mg 氯离子（Cl^-）。

（6）氢氧化铝悬浮液：称取 125 g 十二水合硫酸铝钾[$KAl(SO_4)_2 \cdot 12H_2O$]或十二水合硫酸铝铵[$NH_4Al(SO_4)_2 \cdot 12H_2O$]溶解于 1000 ml 水中，加热至 60℃，在不断搅拌下徐徐加入 55 ml 氨水，使生成氢氧化铝沉淀，充分搅拌后静置，弃去上清液。用水反复洗涤沉淀，至倾出液无氯离子和铵盐，最后加入 300 ml 水使成悬浮液。使用前应振荡均匀。

（7）高锰酸钾溶液（$\rho = 3.16$ g/L）：称取 3.16 g 高锰酸钾溶于水，稀释至 1000 ml。

（8）硫酸溶液（0.5 mol/L）。

（9）氢氧化钠溶液（0.1 mol/L）。

五、实验步骤

1. 水样的采集和保存

采用玻璃瓶或聚乙烯瓶采集水样，水样采集后应及时进行测定。必要时，应加硫酸使 pH＜2，保存在 4℃以下，在 24 h 内测定。

2. 水样的预处理

（1）干扰的消除：水样浑浊和带色时，可取 100 ml 水样于具塞量筒中，加入 2 ml 氢氧化铝悬浮液，密塞充分振摇，静置数分钟澄清后，过滤，弃去 20 ml 初滤液。

（2）氯离子的去除：取 100 ml 水样移入具塞量筒中，根据已测定的氯离子含量加入相当量的硫酸银溶液，充分混合。在暗处放置 0.5 h 使氯化银沉淀凝聚，然后用慢速滤纸过滤，弃去 20 ml 初滤液。

注意：如不能获得澄清滤液，可将已加硫酸银溶液后的试样，在近 80℃ 的水浴中加热，并用力振摇，使沉淀充分凝聚，冷却后再进行过滤。如需同时去除带色物质，则可在加入硫酸银溶液并混匀后，再加入 2 ml 氢氧化铝悬浮液，充分振摇，放置片刻待沉淀后，过滤。

（3）亚硝酸盐的干扰：当亚硝酸盐氮含量超过 0.2 mg/L 时，可取 100 ml 水样，加 1 ml 0.5 mol/L 硫酸，混匀后，滴加高锰酸钾溶液至淡红色，并保持 15 min 不褪色为止，使亚硝酸盐氧化为硝酸盐，最后从硝酸盐氮测定结果中减去亚硝酸盐氮量。

3. 水样的测定

（1）蒸发：取 50.0 ml 经预处理的水样于蒸发皿中，用 pH 试纸检查，必要时用 0.5 mol/L 硫酸或 0.1 mol/L 氢氧化钠溶液调节至微碱性（pH≈8），置水浴上蒸发至干。

（2）硝化：加 1.0 ml 酚二磺酸，用玻璃棒研磨，使试剂与蒸发皿内残渣充分接触，放置片刻，再研磨一次，放置 10 min，加入约 10 ml 纯水。

（3）显色：在搅拌下加入 3～4 ml 氨水，使溶液呈现最深的颜色。如有沉淀产生，则过滤；或滴加 EDTA 二钠溶液，并搅拌至沉淀溶解。将溶液移入 50 ml 比色管中，稀释至刻度线，混匀。

（4）测定：于波长 410 nm 处，选用 10 mm 或 30 mm 比色皿，以纯水为参比，测量溶液的吸光度。

注意：如吸光度值超出标准曲线范围，可将显色溶液用纯水进行定量稀释，然后再测量吸光度，计算时乘以稀释倍数。

4. 空白试验

以纯水代替水样，按相同步骤，进行全程序空白测定。

5. 标准曲线的绘制

于一组 50 ml 比色管中，按表 2.21 所示分别吸入对应体积的硝酸盐氮标准使用液,加水至约 40 ml,加 3 ml 氨水使成碱性,稀释至刻度线,混匀。在波长 410 nm 处按表 2.21 选比色皿,以水为参比,测量吸光度。由测得的标准系列吸光度值减去零管的吸光度值,分别绘制不同比色皿光程长的吸光度对硝酸盐氮含量(mg)的标准曲线。

六、数据记录与处理

1. 标准曲线的绘制

将所测吸光度记录于表 2.22 中。

表 2.22　标准系列中所用标准使用液体积及数据统计表

序号	标准使用液体积/ml	硝酸氮含量/mg	比色皿光程长/mm	吸光度测量值 A
1	0	0	10 或 30	
2	0.10	0.001	30	
3	0.30	0.003	30	
4	0.50	0.005	30	
5	0.70	0.007	30	
6	1.00	0.010	10 或 30	
7	3.00	0.030	10	
8	5.00	0.050	10	
9	7.00	0.070	10	
10	10.00	0.100	10	
11	空白		10 或 30	
12	样品		10 或 30	

2. 水样的测定

(1) 水样中硝酸盐氮的吸光度 A_r 用下式进行计算:

$$A_r = A_s - A_b$$

式中,A_s——水样的吸光度;

A_b——空白试验溶液的吸光度。

注意:对某种特定样品,A_s 和 A_b 应在同一种光程长的比色皿中测定。

(2) 未经去除氯离子的水样,按下式进行计算:

$$酸盐氮(N,mg/L) = \frac{m}{V} \times 1000$$

式中,m——硝酸盐氮量(mg),由 A_r 值和相应比色皿光程的标准曲线确定;

V——水样体积（ml）；

1000——换算为每升水样计。

（3）经去除氯离子的水样，按下式计算：

$$硝酸盐氮（N，mg/L）= \frac{m}{V} \times 1000 \times \frac{V_1 + V_2}{V_1}$$

式中，V_1——去除氯离子的水样体积量（ml）；

V_2——硫酸银溶液加入量（ml）。

七、思考题

（1）硝酸盐氮的测定中，哪些步骤较易产生误差？并分析原因。

（2）目前硝酸盐氮的测定方法还有哪些？它们的原理是什么？

（3）根据水样中三氮测定结果，对水样的污染状况进行初步判定。

实验十九　废水中总铬的测定——火焰原子吸收分光光度法

一、实验目的

（1）掌握火焰原子吸收分光光度计的工作原理和使用方法。
（2）掌握用火焰原子吸收光谱测定铬的原理和方法。
（3）掌握测定水样中金属的消解方法。

二、实验原理

试样经过滤或消解后喷入富燃性空气-乙炔火焰，在高温火焰中形成铬基态原子，对铬空心阴极灯或连续光源发射的特征谱线（357.9 nm）产生选择性吸收。在一定条件下，特征谱线的强度变化与铬的浓度成正比，将被测样品吸光度与标准溶液吸光度相比较，即可算出试样中铬的浓度。

三、实验仪器

（1）火焰原子吸收分光光度计及相应的辅助设备。
（2）光源：铬空心阴极灯或具有 357.9 nm 的连续光源。
（3）温控电热板：温度控制范围为室温至 200℃。
（4）微波消解仪：微波功率为 600～1500 W，温控精度能达到 ±2.5℃，配备微波消解罐。

四、实验试剂

（1）浓盐酸（HCl，1.19 g/ml），优级纯。
（2）盐酸溶液（1＋1）：用浓盐酸配制。
（3）浓硝酸（HNO_3，1.42 g/ml），优级纯。
（4）硝酸溶液（1＋9）：用浓硝酸配制。
（5）过氧化氢（30%）。
（6）氯化铵溶液（100 g/L）：准确称取 10 g 氯化铵（NH_4Cl），用少量水溶解，转移至 100 ml 容量瓶，定容至刻度线，摇匀。

（7）铬标准储备液（1000 mg/L）：准确称量 0.2829 g 重铬酸钾基准试剂 [$K_2Cr_2O_7$，在（120±2）℃烘干 2 h 并恒重]，用少量水溶解后，转移到 100 ml 容量瓶中，加入 0.5 ml 浓硝酸，然后用水稀释至刻度线，摇匀。用聚乙烯瓶或硼硅酸盐玻璃瓶在室温暗处进行保存，pH 控制在 1~2，可保存 1 年。也可购买市售有证标准物质。

（8）铬标准使用液（50.0 mg/L）：量取 5.00 ml 铬标准储备液至 100 ml 容量瓶中，加入 0.1 ml 硝酸，用水定容至刻度线，可保存 1 个月。

（9）燃气：乙炔，纯度≥99.6%。

（10）助燃气：空气，进入燃烧器之前应经过适当过滤以除去其中的水、油和其他杂质。

五、实验步骤

1. 水样采集和保存

水样采集参照相关规定执行。样品采集后加入浓硝酸酸化至 pH≤2，14 d 内测定。

2. 试样的制备

（1）电热板消解法：取 50.0 ml 混合均匀的水样于 150 ml 烧杯或锥形瓶中，加入硝酸 5 ml，盖上表面皿或小漏斗，置于温控电热板上，保持电热板温度 180℃，不沸腾加热回流 30 min。移去表面皿或小漏斗，蒸发至溶液为 5 ml 左右时停止加热。待冷却后，再加入硝酸 5 ml，盖上表面皿或小漏斗，继续加热回流。如果有棕色烟生成，重复这一步骤（每次加入硝酸 5 ml），直到不再有棕色的烟生成，将溶液蒸发至 5 ml 左右。待上述溶液冷却后，缓慢加入 3 ml 过氧化氢，继续盖上表面皿或小漏斗，并保持电热板温度 95℃，加热至不再有大量气泡产生，待溶液冷却，继续加入过氧化氢，每次为 1 ml，直至只有细微气泡或外观大致不发生变化，移去表面皿或小漏斗，继续加热，直到溶液体积蒸发至约 5 ml。溶液冷却后，用适量水淋洗内壁至少 3 次，转移至 50 ml 容量瓶中，加入 5 ml 氯化铵溶液和 3 ml 盐酸溶液，用水稀释至刻度线。

（2）微波消解法：样品消解参照《水质 金属总量的消解 微波消解法》（HJ 678—2003）的相关方法执行，消解液转移到 50 ml 容量瓶中，加入 5 ml 氯化铵溶液和 1 ml 盐酸溶液，用水稀释至刻度线。低浓度样品也可用电热板加热浓缩，转移至 25 ml 容量瓶中，加入 2.5 ml 氯化铵溶液和 0.5 ml 盐酸溶液，用水稀释定容至刻度线。

（3）空白试样的制备：用蒸馏水代替水样，按（1）或（2）相同步骤制备。

3. 分析步骤

1）仪器调试

按照仪器操作说明书调节仪器至最佳工作状态，参考测量条件见表 2.23。

表 2.23 仪器参考测量条件

参考测量条件	参数值
灯电流/mA	10
燃烧器高度/mm	10
波长/nm	357.9
燃烧器角度	0
通带宽度/nm	0.2
狭缝/nm	0.5
燃气流量/(L·min)	2.8
灯型	NON-BGC

2）标准曲线的建立

准确移取铬标准使用液 0.00 ml、0.50 ml、1.00 ml、2.00 ml、3.00 ml、4.00 ml、5.00 ml 分别置于 50 ml 容量瓶中，分别加入氯化铵溶液 5 ml，盐酸溶液 3 ml，加水定容至刻线，摇匀。对应的标准系列质量浓度分别为 0 mg/L、0.50 mg/L、1.00 mg/L、2.00 mg/L、3.00 mg/L、4.00 mg/L 和 5.00 mg/L。按照调好的参数测定条件，从低浓度到高浓度依次测量标准系列溶液的吸光度。以铬的质量浓度（mg/L）为横坐标，以其对应的扣除零浓度后的吸光度为纵坐标，建立标准曲线。

3）试样和空白试样的测定

仪器用水调零后，吸入空白试样和试样测定吸光度，从标准曲线上分别得到其中铬的质量浓度，试样浓度扣除空白试样浓度后，得到水样浓度（mg/L）。

六、数据记录与处理

（1）水样中铬的质量浓度按照下式进行计算：

$$c = \frac{(c_1 - c_0) \times V_1 \times f}{V}$$

式中，c——水样中总铬的质量浓度（mg/L）；

c_1——由标准曲线得到的试样中总铬的质量浓度（mg/L）；

c_0——由标准曲线得到的空白试样中总铬的质量浓度（mg/L）；

V_1——水样制备后定容体积（ml）；

V——取样体积（ml）；

f——稀释倍数。

（2）结果表示：测定结果小于 1 mg/L 时，保留小数点后两位，测量结果大于等于 1 mg/L 时，保留三位有效数字。

七、注意事项

（1）加入氯化铵可消除 Fe、Co、Ni、Pb、Al、Mg 等元素的干扰，同时氯化铵也是助溶剂，可以防止铬在火焰中生成难熔的高温氧化物，铬原子吸收对燃气、助燃气比例极其敏感，在氧化性火焰中，虽能减少干扰，但是灵敏度很低，因此宜用还原性火焰测定。

（2）灯需预热且稳定。

（3）实验所用的玻璃器皿、聚乙烯容器等不得使用重铬酸钾洗液清洗，需先用洗涤剂洗净，再用 10%硝酸溶液（分析纯即可）浸泡 24 h 以上，使用前再依次用自来水和实验用水洗净。

八、质量保证和质量控制

（1）每批样品应至少做一个实验室空白，其测定结果应低于方法检出限。

（2）每次分析样品均应绘制标准曲线，相关系数应大于等于 0.999。

（3）每分析 10 个样品应进行一次仪器零点校正。

（4）每 10 个样品应分析一个标准曲线的中间点浓度标准溶液，其测定结果与标准曲线该点质量浓度的相对偏差应小于 10%。否则，需重新绘制标准曲线。

（5）每批样品应至少测定 10%的平行双样，样品数量少于 10 时，应至少测定一个平行双样，测定结果相对偏差小于 20%。

（6）每批样品应至少测定 10%的基体加标样品，样品数量少于 10 时，应至少测定一个加标样品，加标回收率应在 85%～115%。

实验二十　溶剂萃取–气相色谱法测定水中的氯苯类化合物

氯苯类化合物物理化学性质稳定，不易分解，在水中溶解度小，易溶于有机溶剂中，对人体的皮肤、结膜和呼吸器官产生刺激，进入人体内有蓄积作用。本方法适用于地表水、地下水、饮用水、海水、工业废水及生活污水中氯苯类化合物的测定。具体组分包括氯苯、1,2-二氯苯、1,3-二氯苯、1,4-二氯苯、1,3,5-三氯苯、1,2,3-三氯苯、1,2,4-三氯苯、1,2,3,4-四氯苯、1,2,3,5-四氯苯、1,2,4,5-四氯苯、五氯苯和六氯苯等12种。

一、实验目的

（1）熟悉溶剂萃取富集水样的方法。

（2）掌握气相色谱法的基本原理。

（3）掌握气相色谱仪的基本结构、功能、操作方法和化学工作站软件的使用。

二、实验原理

用二硫化碳（CS_2）萃取水样中的氯苯类化合物，经浓缩、定容后，用带有电子捕获检测器（ECD）的气相色谱仪进行分析，以保留时间定性，用外标法定量。

三、实验仪器

（1）带电子捕获检测器（ECD）的气相色谱仪。

（2）色谱柱：石英毛细管色谱柱，30 m（长）×0.25 mm（内径）×0.25 μm（膜厚），固定相为硝基对苯二酸改性的聚乙二醇或其他等效固定相。

（3）分液漏斗（125 ml、2000 ml），若干。

（4）圆底烧瓶（100 ml），若干。

（5）容量瓶（50 ml），若干。

（6）旋转蒸发仪。

（7）氮吹仪。

（8）量筒（1000 ml）。

（9）振荡器（300 次/min）。

（10）棕色螺纹瓶（1 ml），带推按阀盖。

（11）样品瓶（2 ml）。

（12）微量进样器（10.0 μL、50.0 μL）。

（13）其他实验室常用仪器设备。

四、实验试剂

所用试剂除非另有说明，均使用符合国家标准的分析纯试剂。实验用水为新制备的不含有机物的纯水。

（1）氯苯类化合物混合标准溶液：氯苯 $\rho = 100000$ μg/ml、1, 2-二氯苯 $\rho = 1000$ μg/ml、1, 3-二氯苯 $\rho = 1000$ μg/ml、1, 4-二氯苯 $\rho = 1000$ μg/ml、1, 3, 5-三氯苯 $\rho = 200$ μg/ml、1, 2, 3-三氯苯 $\rho = 200$ μg/ml、1, 2, 4-三氯苯 $\rho = 200$ μg/ml、1, 2, 3, 4-四氯苯 $\rho = 50.0$ μg/ml、1, 2, 4, 5-四氯苯 $\rho = 50.0$ μg/ml、1, 2, 3, 5-四氯苯 $\rho = 50.0$ μg/ml、五氯苯 $\rho = 20.0$ μg/ml 和六氯苯 $\rho = 20.0$ μg/ml。根据需要购买不同浓度的有证标准物质或标准溶液。开启后的标准溶液在冷藏、避光条件下密封保存。

（2）氯化钠：300℃烘 4 h，干燥器中冷却至室温，装入磨口玻璃瓶存放。

（3）硫酸钠溶液（ $\rho_{Na_2SO_4} = 20$ g/L ）：称取 20 g 干燥后的无水硫酸钠，溶于不含有机物的水中，并稀释至 1000 ml。

（4）无水硫酸钠：将无水硫酸钠在 300℃烘 4 h，于干燥器中冷却至室温，装入磨口玻璃瓶存放。

（5）浓硫酸：优级纯，$\rho = 1.84$ g/ml。

（6）二硫化碳（CS_2）：色谱纯，100 倍浓缩后经色谱检测无干扰峰。分析纯试剂需提纯。

（7）甲醇：农残级。

（8）正己烷：农残级。

（9）载气：氮气，纯度≥99.999%。

（10）玻璃棉：存在干扰时可用正己烷索式提取 4 h，保存于密闭容器中。

五、实验步骤

1. 样品采集

用棕色玻璃瓶采集样品，使样品充满采样瓶。用内衬聚四氟乙烯硅胶垫（或铝箔垫）的瓶盖密封，防止有气泡。

2. 样品保存

采集的样品应尽快分析。如当天不能分析，采样时每升水样中加入 1.00 ml 优级纯浓硫酸，于 2~5℃下保存，7 天内完成样品分析。

3. 试样制备

1）萃取

用量筒量取 1000 ml 水样，置于 2000 ml 分液漏斗中，加 30 g 氯化钠，分别用 20 ml、10 ml 二硫化碳萃取两次。开始时手摇轻轻振荡，并注意放气，放气完全后，在振荡器上充分振荡 5 min。萃取后静置分层，在玻璃漏斗中装入少许玻璃棉后，加入少许无水硫酸钠，下层的二硫化碳经无水硫酸钠干燥，收集并入 100 ml 圆底烧瓶中，再用少量二硫化碳淋洗无水硫酸钠层，淋洗液也收集于 100 ml 圆底烧瓶中。

2）净化

污染严重的地表水、工业废水和生活污水萃取后使用浓硫酸净化。用 125 ml 分液漏斗收集萃取液，加入 5 ml 浓硫酸（优级纯）轻轻振摇（防止发热，并注意放气），静置分层弃去硫酸层，重复操作，直至硫酸层无色为止。加 25 ml 硫酸钠溶液，振摇洗去残存硫酸，静置分层，弃去水相。在玻璃漏斗中装入少许玻璃棉后，加入少许无水硫酸钠，二硫化碳经无水硫酸钠脱水干燥，收集于 100 ml 圆底烧瓶中，再用少量二硫化碳淋洗无水硫酸钠层，淋洗液也收集于 100 ml 圆底烧瓶中。

3）浓缩定容

萃取液或净化后的萃取液，用旋转蒸发仪（25℃水浴）和氮吹仪浓缩定容至 1.0 ml，再转移至样品瓶中。高浓度样品可用 50 ml 容量瓶定容，再转移至样品瓶中。

4. 仪器分析

1）色谱分离参考条件

进样量：1 μl；汽化室温度：220℃；检测器温度：300℃；载气流速：1.0 ml/min；进样方式：不分流进样，进样 0.5 min 后分流，分流比 60∶1；

升温程序：40℃（保持4 min）$\xrightarrow{10℃/min}$220℃（保持5 min）。

2）工作曲线绘制

用量筒在 5 个 2000 ml 分液漏斗中各加入 1000 ml 纯水，再分别用 10 μl、50 μl 注射器加入 1.0 μl、10.0 μl、20 μl、30 μl、50 μl 的标准混合溶液混匀，水中氯苯类化合物标准系列溶液浓度见表 2.24。按实验步骤 3 制备标准系列。

用气相色谱仪测量系列浓度的氯苯类化合物标准溶液的峰高或峰面积，以各种氯苯类化合物的含量（μg/L）对应其峰高或峰面积绘制标准曲线。

表 2.24　氯苯类化合物标准系列溶液浓度（水中）　　　　（单位：μg/L）

化合物	浓度 1	浓度 2	浓度 3	浓度 4	浓度 5
氯苯	1.00×10^2	1.00×10^3	2.00×10^3	3.00×10^3	5.00×10^3
二氯苯	1.00	10.00	20.0	30.0	50.0
三氯苯	0.20	2.00	4.00	6.00	10.0
四氯苯	0.05	0.50	1.00	1.50	2.50
五氯苯	0.02	0.20	0.40	0.60	1.0
六氯苯	0.02	0.20	0.40	0.60	1.0

3）定性和定量分析

根据标准色谱图各组分的保留时间定性。根据待测物的峰面积，以水中氯苯类化合物含量（μg/L）为横坐标，对应的峰高或峰面积为纵坐标绘制标准曲线，并根据待测水样中氯苯类化合物的峰高或峰面积，得到样品溶液中待测物的浓度。

图 2.7 为 12 种氯苯类化合物标准色谱图。

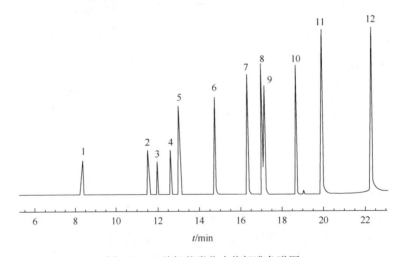

图 2.7　12 种氯苯类化合物标准色谱图

1. 氯苯；2. 1,4-二氯苯；3. 1,3-二氯苯；4. 1,2-二氯苯；5. 1,3,5-三氯苯；6. 1,2,4-三氯苯；7. 1,2,3-三氯苯；8. 1,2,3,5-四氯苯；9. 1,2,4,5-四氯苯；10. 1,2,3,4-四氯苯；11. 五氯苯；12. 六氯苯

5. 空白试验

以纯水代替水样，按照步骤 3 制备、步骤 4 测定。

六、数据记录与处理

1. 结果计算

水样中氯苯类化合物的浓度按照以下公式计算：

$$\rho_i = \rho_{si} \times \frac{1000}{V_w} \times \frac{1}{V_0}$$

式中，ρ_i——水样中组分 i 的质量浓度（μg/L）；

ρ_{si}——从工作曲线上得出的组分 i 的质量浓度（μg/L）；

V_w——取样体积（ml）；

V_0——定容体积（ml）。

2. 结果表示

当结果≥1.00 μg/L 时，结果保留三位有效数字；当结果＜1.00 μg/L 时，结果保留至小数点后两位（五氯苯、六氯苯保留至小数点后三位）数字。

七、注意事项

（1）实验前认真阅读气相色谱仪的使用说明，实验时严格遵守操作流程。熟悉气相色谱仪的四个组成部分（气路系统、分离系统、检测系统、数据记录和处理系统）、检测器的种类和原理。掌握气相色谱仪的开机、工作站软件设置、样品分析和定量、数据读取和分析、关机等操作。

（2）氯苯类化合物标准样品、二硫化碳、浓硫酸等对人体健康有害，操作时应按规定要求佩戴防护器具，避免接触皮肤和衣服。

（3）经过实验室方法验证，也可以使用石油醚等其他溶剂作为萃取溶剂，代替二硫化碳。

（4）高浓度样品应适当减少取样量或取消浓缩步骤，直接或净化后用容量瓶定容至 50 ml。

（5）在样品分析过程中，需同步进行质量保证和质量控制。①空白样品：每批样品至少分析 1 个全程序空白样，全程序空白测定值应低于检出限；②平行样品：每分析一批（20 个）样品至少做 10% 的平行样品测定，平行样品相对偏差在30% 以内；③中间浓度检验：每隔 10 个样品加测 1 个中间浓度检验，中间浓度的测定值与曲线的值的相对偏差应小于 20%，否则应建立新的工作曲线；④基体加标：每批样品至少做一个基体加标样品，加标量与样品中待测物含量相当，回收率应在 65%～120%；⑤定性分析：样品分析前，应建立保留时间窗口 $t\pm3s$。t 为曲线各浓度级别标准物质的保留时间平均值，s 为曲线各浓度级别标准物质的保留时间的相对标准偏差，当分析样品时，待测物的保留时间应在保留时间窗口内；⑥标准曲线与校准：当仪器线性范围较窄时，可减小浓度点间隔，做不少于 5 个等间隔浓度点曲线。当仪器线性范围较宽时，可增加浓度点间隔，做不少于 5 个等间隔浓度点曲线。曲线的线性回归系数至少为 0.995。

八、思考题

（1）色谱法中保留时间 t_R 有何意义？

（2）外标法定量有何优缺点，实验时需注意什么？

拓展学习：气相色谱仪简介及使用

1. 气相色谱法简介

气相色谱法是色谱法的一种。色谱法早在 1903 年由俄国植物学家茨维特分离植物色素时采用并发现。茨维特在研究植物叶的色素成分时，将植物叶子的萃取物倒入填有碳酸钙的直立玻璃管内，然后加入石油醚使其自由流下，结果色素中各组分互相分离形成各种不同颜色的谱带，因此称这种方法为色谱法。填充有碳酸钙的直立玻璃管称为色谱柱，碳酸钙为固定相，石油醚为流动相。

色谱法本质是一种分离方法，能够对同系列的不同化合物进行柱内分离。产生分离的原理是当流动相中所含混合物经过固定相时，就会与固定相发生作用，由于各组分在性质和结构（溶解度、极性、蒸气压、吸附能力等）上的差异，与固定相发生作用的大小、强弱也有差异（即有不同的分配系数），因此在同一推动力的作用下，不同组分在固定相中滞留的时间有长有短，从而按先后不同的次序从固定相中流出。流出色谱柱的组分达到检测器，根据检测信号的大小进行定量分析。

按照固定相、流动相的状态分，色谱可以分为气相色谱和液相色谱。二级分类可以细分为气-固色谱、气-液色谱、液-固色谱和液-液色谱。氯苯类化合物的分析采用的是气-液色谱，即气体为流动相，高分子聚合物（涂在色谱柱内表面）为固定相。

随着技术发展，气相色谱柱"进化"为由熔融石英或玻璃拉制而成的毛细管柱（又叫开管柱），直径一般为 0.1～0.5 mm，长度为 10～300 m，呈螺旋形。固定相则由高分子材料聚合而成的极性或非极性涂层，厚度为 0.1～1 μm。不锈钢或玻璃管色谱柱也依然存在，应用于某些分析中。这类柱子称为填充柱，直径约为2~4 mm，长 0.5~10 m，内部填充有固定相颗粒。

化合物在色谱柱内被分离后，被流动相带出色谱柱，达到检测器。气相色谱仪的检测器一般有四种类型，即热导池检测器、氢火焰离子化检测器、电子捕获检测器和火焰光度检测器。四种检测器的检测原理不同，适用的分析物质也不同。热导池检测器为通用型检测器，对无机、有机物都有响应，氢火焰离子化检测器只对烃类物质有响应，对非烃类、在火焰中不离解的化合物无响应或响应很低，电子捕获检测器只对含电负性的化合物有响应，且电负性越强，响应也越强。火焰光度检测器则是硫、磷的专属检测器，相当于一台发射光谱仪。氯苯类化合物的分析采用的是电子捕获检测器。

2. 气相色谱仪简介

气相色谱仪（图 2.8）由气路系统和电路系统两大部分组成。气路系统包括载气系统、进样器、色谱柱、柱箱及检测器。电路系统则包括电源、温度控制器和记录单元。

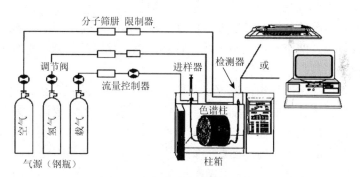

图 2.8　气相色谱仪结构示意图

气相色谱仪使用的原理是经过净化的载气以一定的流速进入气相色谱仪，样品从进样口端进入，在进样口气化后快速定量的转入色谱柱中，载气带着样品在色谱柱中穿过，样品中不同性质的组分按照与固定相作用力的大小而被分开，最终先后流出色谱柱到达检测器。检测器的信号在记录单元中被记录下来，形成色谱图。依据色谱峰的位置（即保留时间）进行定性，色谱峰的峰高或者峰宽进行定量。

3. 气相色谱仪的使用

气相色谱仪安装调试完毕后，其使用步骤如下。

（1）开机：首先打开载气和检测器的使用气体，再打开气相色谱仪的电源和记录单元（电脑）。

（2）参数设置：在电脑上，删除打开色谱的在线操作平台，设置进样口温度、柱箱温度及升温程序、载气流速、检测器温度及使用气体流量等参数。

（3）进样：设置好参数后，可以将参数信息保存为方法文件，运行方法文件，即可进行进样操作。用微量注射器吸取 1 μl 样品，自进样口注入，进入后需立即点击"开始"按钮。需注意的是，在运行方法之前，需要先建立样品的数据文件，将样品的关键信息写入数据文件中，再运行方法，即可采集数据。

（4）数据分析：在电脑上，打开色谱仪的离线操作平台，调出样品谱图的数据文件，进行峰高或峰面积数据读取并进行样品含量的分析。

（5）关机：样品分析完毕后，需关闭进样口、柱箱和检测器的加热装置，待各处温度降低到100℃以下后，方可关闭色谱仪和电脑，最后关闭载气和使用气。

4. 气相色谱仪使用的注意事项

（1）大部分的气相色谱数据采集和处理平台分为"在线"平台和"离线"平台。在线平台主要进行参数设置、样品实时数据采集。离线平台则对已采集完信号的数据进行谱图的分析，可以进行积分、建立标准曲线、样品含量分析及出具/打印结果报告等。两个平台互不干扰，这样可以确保样品数据采集时不会受到离线平台操作的影响。

（2）对不同品牌的气相色谱仪，其电脑端的操作界面有所差别，即在线操作平台或离线操作平台软件有区别。但气相色谱仪使用时其参数设置原理一样。

（3）样品分析之前，需要绘制标准曲线，即需要将不同浓度的标准样品进样分析，获得各自的信号。标准曲线绘制完毕后，再进行样品的分析。

（4）在定量过程中，可以采用操作平台自带的"自动积分"操作，也可以"手动积分"修改一些峰形不佳色谱峰的积分线位置。

实验二十一　水质粪大肠菌群的测定

粪大肠菌群又称耐热大肠菌群，是指 44.5℃培养 24 h，能发酵乳糖产酸产气的需氧及兼性厌氧革兰氏阴性无芽孢杆菌。粪大肠菌群不代表某一个或某一属细菌，而是指具有某些特性的一组与粪便污染有关的细菌。粪大肠菌群数的高低，表明了粪便污染的程度。粪便中除了正常细菌外，同时也会有一些肠道致病菌存在（如沙门氏菌、志贺菌等），因而根据粪便污染可以推测水质中存在肠道致病菌污染的可能性，反映其对人体健康危害性的大小。

水质分析中，原本关注的是对肠道病原菌的检测，但肠道病原菌在水中易死亡与变异，数量少，分离（特别是自来水中分离）出病原菌较困难与费时。而粪大肠菌群在人和动物的粪便中大量存在，且检测方法比较简单，对氯的抵抗力也与致病肠道细菌相似（即可以认为氯消毒消灭了粪大肠菌群，肠道病原菌也已经消灭，水可供饮用）。因此粪大肠菌群（较早国标中称为总大肠菌群）被作为水质分析的微生物指标之一。

我国规定：每升自来水中粪大肠菌群不得检出；若只经过加氯消毒即供作生活饮用水的水源水，总大肠菌群数平均每升不得超过 1000 个；经过净化处理及加氯消毒后供作生活饮用水的水源水，其总大肠菌群数平均每升不得超过 10 000 个。

粪大肠菌群测定的方法有多管发酵法、滤膜法、纸片快速法和酶底物法等。多管发酵法是行业内公认的粪大肠菌群测定的经典方法，卫生、水利、环保等行业均有多管发酵法的方法标准。滤膜法应用性仅次于多管发酵法。纸片快速法和酶底物法操作简便，更适用于大量样品的快速检验，但价格偏高。酶底物法平行样的相对标准偏差较低，精密度也优于其他三种方法。此处只介绍多管发酵法、滤膜法。

（一）多管发酵法

1. 实验目的

（1）理解粪大肠菌群在水质分析中的重要性。
（2）掌握多管发酵法测定粪大肠菌群数的原理和方法。

2. 实验原理

多管发酵法是以单位体积存在目标微生物最大可能数（most probable number,

MPN）来表示测定结果的。它是利用统计学原理，根据一定体积不同稀释度样品经培养后产生的目标微生物阳性数进行查表估算 MPN 来表示的。

　　将样品加入含乳糖蛋白胨培养基的试管中，37℃初发酵富集培养，粪大肠菌群在培养基中生长繁殖分解乳糖产酸产气，产生的酸使溴甲酚紫指示剂由紫色变为黄色，产生的气体进入倒管中，指示产气。44.5℃复发酵培养，培养基中的胆盐三号可抑制革兰氏阳性菌的生长，最后产气的细菌确定为粪大肠菌群。通过查 MPN 表，得出粪大肠菌群浓度值。

　　该法适用于地表水、地下水、生活污水和工业废水中粪大肠菌群的测定。12 管法的方法检出限为 3 MPN/L；15 管法的方法检出限为 20 MPN/L。

　　3. 实验仪器

　　（1）采样瓶：500 ml 带螺旋帽或磨口塞的广口玻璃瓶。
　　（2）高压蒸汽灭菌器：115℃、121℃可调。
　　（3）恒温培养箱或水浴锅：允许温度偏差为（37±0.5）℃、（44±0.5）℃。
　　（4）pH 计：准确到 0.1 pH 单位。
　　（5）接种环：直径 3 mm。
　　（6）试管：300 ml、50 ml、20 ml。
　　（7）一般实验室常用仪器和设备。
　　玻璃器皿及采样器具试验前要按无菌操作要求包扎，121℃高压蒸汽灭菌 20 min 备用。

　　4. 实验试剂

　　除非另有说明，分析时均使用符合国家标准的分析纯试剂或生物试剂，实验用水为蒸馏水或去离子水。
　　（1）乳糖蛋白胨培养基：10 g 蛋白胨、3 g 牛肉浸膏、5 g 乳糖、5 g 氯化钠、加热溶解于 1000 ml 蒸馏水中，调节 pH 为 7.2～7.4，再加入 1.6%溴甲酚紫乙醇溶液 1 ml，充分混匀，分装于含有倒置小玻璃管的试管中，塞好棉塞、包扎。115℃高压蒸汽灭菌 20 min，储于冷暗处备用。也可选用市售成品培养基。
　　（2）三倍乳糖蛋白胨培养基：称取三倍的上述乳糖蛋白胨培养基成分的量，溶于 1000 ml 蒸馏水中，配成三倍乳糖蛋白胨培养基，配制方法同上。
　　（3）EC 培养基：胰胨 20 g、乳糖 5 g、胆盐三号 1.5 g，磷酸氢二钾 4 g、磷酸二氢钾 1.5 g，氯化钠 5 g。将上述成分或含有上述成分的市售成品加热溶解于 1000 ml 水中，然后分装于有玻璃倒管的试管中，115℃高压蒸汽灭菌 20 min，灭菌后 pH 应在 6.9 左右。
　　（4）无菌水：取适量实验用水，经 121℃高压蒸汽灭菌 20 min，备用。

（5）硫代硫酸钠[$\rho(Na_2S_2O_3) = 0.10$ g/ml]：称取 15.7 g 的 $Na_2S_2O_3 \cdot 5H_2O$，溶于适量水中，定容至 100 ml，临用现配。

（6）乙二胺四乙酸二钠溶液[$\rho(C_{10}H_{14}N_2O_8Na_2 \cdot 2H_2O) = 0.15$ g/ml]：称取 15 g 的 $C_{10}H_{14}N_2O_8Na_2 \cdot 2H_2O$，溶于适量水中，定容至 100 ml，可保存 30 d。

5. 实验步骤

1）样品采集

点位布设及采样频次按照《水质 湖泊和水库采样技术指导》（GB/T 14581—1993）、《水质 采样技术指导》（HJ/T 494—2009）和《地表水和污水监测技术规范》（HJ/T 91—2002）的相关规定执行。

采集微生物样品时，采样瓶不得用样品洗涤，采集样品于灭菌的采样瓶中。清洁水体的采样量不低于 400 ml，其余水体采样量不低于 100 ml。

采集河流、湖库等地表水样品时，可握住瓶子下部直接将带塞采样瓶插入水中，距水面 10～15 cm 处，瓶口朝水流方向，拔瓶塞，使样品灌入瓶内然后盖上瓶塞，将采样瓶从水中取出。如果没有水流，可握住瓶子水平往前推。采样量一般为采样瓶容量的 80%左右。样品采集完毕后，迅速扎上无菌包装纸。

从龙头装置采集样品时，不要选用漏水龙头，采水前将龙头打开至最大，放水 3～5 min，然后将龙头关闭，用火焰灼烧约 3 min 灭菌或用 70%～75%的乙醇对龙头进行消毒，开足龙头，再放水 1 min，以充分除去水管中的滞留杂质。采样时控制水流速度，小心接入瓶内。

采集地表水、废水样品及一定深度的样品时，也可使用灭菌过的专用采样装置采样。

在同一采样点进行分层采样时，应自上而下进行，以免不同层次的搅扰。

如果采集的是含有活性氯的样品，需在采样瓶灭菌前加入硫代硫酸钠溶液（0.10g/ml），以除去活性氯对细菌的抑制作用（每 125 ml 容积加入 0.1 ml 的硫代硫酸钠溶液）；如果采集的是重金属离子含量较高的样品，则在采样瓶灭菌前加入乙二胺四乙酸二钠溶液，以消除干扰[每 125 ml 容积加入 0.3 ml 的乙二胺四乙酸二钠溶液（0.15g/ml）]。

2）样品保存

采样后应在 2 h 内检测，否则，应 10℃以下冷藏但不得超过 6 h。实验室接样后，不能立即开展检测的，将样品于 4℃以下冷藏并在 2 h 内检测。

3）样品稀释及接种

（1）15 管法：将样品充分混匀后，在 5 支装有已灭菌的 5 ml 三倍乳糖蛋白胨培养基的试管中（内有倒管），按无菌操作要求各加入样品 10 ml，在 5 支装有已灭菌的 10 ml 单倍乳糖蛋白胨培养基的试管中（内有倒管），按无菌操作要求各加入样品 1 ml，在 5 支装有已灭菌的 10 ml 单倍乳糖蛋白胨培养基的试管中（内有倒管），按无菌操作要求各加入样品 0.1 ml。

对于受到污染的样品，先将样品稀释后再按照上述操作接种，以生活污水为例，先将样品稀释 10^4 倍，然后按照上述操作步骤分别接种 10 ml、1 ml 和 0.1 ml。15 管法样品接种量参考表见表 2.25。

表 2.25　15 管法样品接种量参考表

样品类型		接种量/ml						
		10	1	0.1	0.01	0.001	0.000 1	0.000 01
地表水	水源水	√	√	√				
	湖泊（水库）	√	√	√				
	河流		√	√	√			
废水	生活污水					√	√	√
	工业废水　处理前					√	√	√
	处理后	√	√	√				
地下水		√	√	√				

当样品接种量小于 1 ml 时，应将样品制成稀释样品后使用。按无菌操作要求方式吸取 10 ml 充分混匀的样品，注入盛有 90 ml 无菌水的三角烧瓶中，混匀成 1∶10 稀释样品。吸取 1∶10 的稀释样品 10 ml 注入盛有 90 ml 无菌水的三角烧瓶中，混匀成 1∶100 稀释样品。其他接种量的稀释样品依次类推。注意吸取不同浓度的稀释液时，每次必须更换移液管。

生活饮用水等清洁水体也可使用 12 管法。

（2）12 管法：将样品充分混匀后，在 2 支装有已灭菌的 50 ml 三倍乳糖蛋白胨培养基的大试管中（内有倒管），按无菌操作要求各加入样品 100 ml，在 10 支装有已灭菌的 5 ml 三倍乳糖蛋白胨培养基的试管中（内有倒管），按无菌操作要求各加入样品 10 ml。

4）初发酵试验

将接种后的试管，在（37±0.5）℃下培养（24±2）h。

发酵试管颜色变黄为产酸，小玻璃倒管内有气泡为产气。产酸和产气的试管表明试验阳性。如在倒管内产气不明显，可轻拍试管，有小气泡升起的为阳性。

5）复发酵试验

轻微振荡在初发酵试验中显示为阳性或疑似阳性（只产酸未产气）的试管，用经火焰灼烧灭菌并冷却后的接种环将培养物分别转接到装有 EC 培养基的试管中。在（44.5±0.5）℃下培养（24±2）h。转接后所有试管必须在 30 min 内放进恒温培养箱或水浴锅中。培养后立即观察，倒管中产气证实为粪大肠菌群阳性。

6）对照试验

（1）空白对照：每次试验都要用无菌水按照步骤 3）～5）进行实验室空白测定。

（2）阴性及阴性对照：将粪大肠菌群的阳性菌株（如大肠埃希氏菌 *Escherichia coli*）和阴性菌株（如产气肠杆菌 *Enterobacter aerogenes*）制成浓度为 300～3000 MPN/L 的菌悬液，分别取相应体积的菌悬液按接种的要求接种于试管中，然后按初发酵试验和复发酵试验要求培养，阳性菌株应呈现阳性反应，阴性菌株应呈现阴性反应，否则，该次样品测定结果无效，应查明原因后重新测定。

6. 结果计算与表示

1）结果计算

（1）接种 12 份样品时，查表 2.26 可得每升粪大肠菌群 MPN 值。

（2）接种 15 份样品时，查表 2.27 得到 MPN 值，再按照下列公式换算样品中粪大肠菌群数（MPN/L）：

$$c = \frac{MPN值 \times 100}{f}$$

式中，c——样品中粪大肠菌群数（MPN/L）；

MPN 值——每 100 ml 样品中粪大肠菌群数（MPN/100 ml）；

100——10×10 ml，其中，10 将 MPN 值的单位 MPN/100 ml 转换为 MPN/L，10 ml 为 MPN 表中最大接种量；

f——实际样品最大接种量（ml）。

2）结果表示

测定结果保留至整数位，最多保留两位有效数字，当测定结果≥100 MPN/L 时，以科学计数法表示；当测定结果低于检出限时，12 管法以"未检出"或"＜3 MPN/L"表示；15 管法以"未检出"或"＜20 MPN/L"表示。

7. 注意事项

（1）活性氯具有氧化性，能破坏微生物细胞内的酶活性，导致细胞死亡，可在样品采集时加入硫代硫酸钠溶液消除干扰。15.7 mg 硫代硫酸钠可去除样品中 1.5 mg 活性氯，硫代硫酸钠用量可根据样品实际活性氯量调整。

（2）重金属离子具有细胞毒性，能破坏微生物细胞内的酶活性，导致细胞死亡，可在样品采集时加入乙二胺四乙酸二钠溶液消除干扰。

（3）配制好的培养基应避光、干燥保存，必要时在(5±3)℃冰箱中保存，通常瓶装及试管装培养基不超过 3～6 个月。配制好的培养基要避免杂菌侵入和水分蒸发，当培养基颜色变化，或体积变化明显时废弃不用。

（4）试验中要进行质量保证和质量控制的同步操作。具体包括：培养基检验，更换不同批次培养基时要进行阳性和阴性菌株检验，将粪大肠菌群的阳性菌株（如大肠埃希氏菌 *Escherichia coli*）和阴性菌株（如产气肠杆菌 *Enterobacter aerogenes*）制成浓度为 300～3000 MPN/L 的菌悬液。若使用的是定性标准菌株，配制方法为先进行预实验，摸清浓度后按目标为 300～3000 MPN/L 稀释；若使用的是定量标准菌株，则可按照给定值直接稀释。稀释后分别取相应水量的菌悬液按步骤 3）接种的要求接种于试管中，然后按初发酵试验和复发酵试验要求培养，阳性菌株应呈现阳性反应，阴性菌株应呈现阴性反应。对照试验，每次都要进行无菌水做实验室空白测定，培养后的试管中不得有任何变色反应。否则，该次样品测定结果无效，应查明原因后重新测定。同时要进行阳性及阴性对照，定期按步骤 6）进行。

（5）使用后的废物及器皿须经 121℃高压蒸汽灭菌 30 min 或使用液体消毒剂（自制或市售）灭菌。灭菌后，器皿方可清洗，废物作为一般废物处置。

8. 思考题

（1）为什么要选择粪大肠菌群作为水源被肠道病原菌污染的指示菌？
（2）配制好的培养基保存多少时间？存放时应注意哪些事项？

参考资料

12 管法和 15 管法粪大肠菌群最大可能数如表 2.26 和表 2.27 所示。粪大肠菌群测定数据记录见表 2.28。

表 2.26　12 管法 1 L 样品中粪大肠菌群最大可能数　　（单位：MPN）

10 ml 样品量的阳性管数	100 ml 样品量的阳性瓶数		
	0	1	2
0	<3	4	11
1	3	8	18
2	7	13	27
3	11	18	38
4	14	24	52
5	18	30	70
6	22	36	92
7	27	43	120

续表

10 ml 样品量的阳性管数	100 ml 样品量的阳性瓶数		
	0	1	2
8	31	51	161
9	36	60	230
10	40	69	>230

注：接种 2 份 100 ml 样品，10 份 10 ml 样品，总量 300 ml

表 2.27　15 管法粪大肠菌群最大可能数　　　　（单位：MPN）

各接种量阳性份数			MPN/100 ml	95%置信限		各接种量阳性份数			MPN/100 ml	95%置信限	
10 ml	1 ml	0.1 ml		下限	上限	10 ml	1 ml	0.1 ml		下限	上限
0	0	0	<2			0	4	1	9		
0	0	1	2	<0.5	7	0	4	2	11		
0	0	2	4	<0.5	7	0	4	3	13		
0	0	3	5			0	4	4	15		
0	0	4	7			0	4	5	17		
0	0	5	9			0	5	0	9		
0	1	0	2	<0.5	7	0	5	1	11		
0	1	1	4	<0.5	11	0	5	2	13		
0	1	2	6	<0.5	15	0	5	3	15		
0	1	3	7			0	5	4	17		
0	1	4	9			0	5	5	19		
0	1	5	11			1	0	0	2	<0.5	7
0	2	0	4	<0.5	11	1	0	1	4	<0.5	11
0	2	1	6	<0.5	15	1	0	2	6	<0.5	15
0	2	2	7			1	0	3	8	1	19
0	2	3	9			1	0	4	10		
0	2	4	11			1	0	5	12		
0	2	5	13			1	1	0	4	<0.5	11
0	3	0	6	<0.5	15	1	1	1	6	<0.5	15
0	3	1	7			1	1	2	8	1	19
0	3	2	9			1	1	3	10		
0	3	3	11			1	1	4	12		
0	3	4	13			1	1	5	14		
0	3	5	15			1	2	0	6	<0.5	15
0	4	0	8			1	2	1	8	1	19

各接种量阳性份数			MPN/	95%置信限		各接种量阳性份数			MPN/	95%置信限	
10 ml	1 ml	0.1 ml	100 ml	下限	上限	10 ml	1 ml	0.1 ml	100 ml	下限	上限
1	2	2	10	2	23	2	2	2	14	4	34
1	2	3	12			2	2	3	17		
1	2	4	15			2	2	4	19		
1	2	5	17			2	2	5	22		
1	3	0	8	1	19	2	3	0	12	3	28
1	3	1	10	2	23	2	3	1	14	4	34
1	3	2	12			2	3	2	17		
1	3	3	15			2	3	3	20		
1	3	4	17			2	3	4	22		
1	3	5	19			2	3	5	25		
1	4	0	11	2	25	2	4	0	15	4	37
1	4	1	13			2	4	1	17		
1	4	2	15			2	4	2	20		
1	4	3	17			2	4	3	23		
1	4	4	19			2	4	4	25		
1	4	5	22			2	4	5	28		
1	5	0	13			2	5	0	17		
1	5	1	15			2	5	1	20		
1	5	2	17			2	5	2	23		
1	5	3	19			2	5	3	26		
1	5	4	22			2	5	4	29		
1	5	5	24			2	5	5	32		
2	0	0	5	<0.5	13	3	0	0	8	1	19
2	0	1	7	1	17	3	0	1	11	2	25
2	0	2	9	2	21	3	0	2	13	3	31
2	0	3	12	3	28	3	0	3	16		
2	0	4	14			3	0	4	20		
2	0	5	16			3	0	5	23		
2	1	0	7	1	17	3	1	0	11	2	25
2	1	1	9	2	21	3	1	1	14	4	34
2	1	2	12	3	28	3	1	2	17	5	46
2	1	3	14			3	1	3	20	6	60
2	1	4	17			3	1	4	23		
2	1	5	19			3	1	5	27		
2	2	0	9	2	21	3	2	0	14	4	34
2	2	1	12	3	28	3	2	1	17	5	46

续表

各接种量阳性份数			MPN/100 ml	95%置信限		各接种量阳性份数			MPN/100 ml	95%置信限	
10 ml	1 ml	0.1 ml		下限	上限	10 ml	1 ml	0.1 ml		下限	上限
3	2	2	20	6	60	4	2	2	32	11	91
3	2	3	24			4	2	3	38		
3	2	4	27			4	2	4	44		
3	2	5	31			4	2	5	50		
3	3	0	17	5	46	4	3	0	27	9	80
3	3	1	21	7	63	4	3	1	33	11	93
3	3	2	24			4	3	2	39	13	110
3	3	3	28			4	3	3	45		
3	3	4	32			4	3	4	52		
3	3	5	36			4	3	5	59		
3	4	0	21	7	63	4	4	0	34	12	93
3	4	1	24	8	72	4	4	1	40	14	110
3	4	2	28			4	4	2	47		
3	4	3	32			4	4	3	54		
3	4	4	36			4	4	4	62		
3	4	5	40			4	4	5	69		
3	5	0	25	8	75	4	5	0	41	16	120
3	5	1	29			4	5	1	48		
3	5	2	32			4	5	2	56		
3	5	3	37			4	5	3	64		
3	5	4	41			4	5	4	72		
3	5	5	45			4	5	5	81		
4	0	0	13	3	31	5	0	0	23	7	70
4	0	1	17	5	46	5	0	1	31	11	89
4	0	2	21	7	63	5	0	2	43	15	110
4	0	3	25	8	75	5	0	3	58	19	140
4	0	4	30			5	0	4	76	24	180
4	0	5	36			5	0	5	95		
4	1	0	17	5	46	5	1	0	33	11	93
4	1	1	21	7	63	5	1	1	46	16	120
4	1	2	26	9	78	5	1	2	63	21	150
4	1	3	31			5	1	3	84	26	200
4	1	4	36			5	1	4	110		
4	1	5	42			5	1	5	130		
4	2	0	22	7	67	5	2	0	49	17	130
4	2	1	26	9	78	5	2	1	70	23	170

续表

各接种量阳性份数			MPN/	95%置信限		各接种量阳性份数			MPN/	95%置信限	
10 ml	1 ml	0.1 ml	100 ml	下限	上限	10 ml	1 ml	0.1 ml	100 ml	下限	上限
5	2	2	94	28	220	5	4	1	170	43	490
5	2	3	120	33	280	5	4	2	220	57	700
5	2	4	150	38	370	5	4	3	280	90	850
5	2	5	180	44	520	5	4	4	350	120	1000
5	3	0	79	25	190	5	4	5	430	150	1200
5	3	1	110	31	250	5	5	0	240	68	750
5	3	2	140	37	340	5	5	1	350	120	1000
5	3	3	180	44	500	5	5	2	540	180	1400
5	3	4	210	53	670	5	5	3	920	300	3200
5	3	5	250	77	790	5	5	4	1600	640	5800
5	4	0	130	35	300	5	5	5	≥2400	800	

注 1. 接种 5 份 10 ml 样品、5 份 1 ml 样品、5 份 0.1 ml 样品；

2. 如果有超过三个的稀释度用于检验，在一系列的十进稀释当中，计算 MPN 时，只需要用其中依次三个的稀释度，取其阳性组合。选择的标准是：先选出 5 支试管全部为阳性的最大稀释（小于它的稀释度也全部为阳性试管），然后再加上依次相连的两个更高的稀释。用这三个稀释度的结果数据来计算 MPN 值

表 2.28　粪大肠菌群测定数据记录

灭菌锅型号						培养基灭菌温度/℃					
培养箱型号						培养温度/℃					

样品编号：
查果结果：粪大肠菌群数＿＿＿＿MPN/100 ml　　　稀释度：＿＿＿＿结果：＿＿＿＿MPN/L

标本接种/ml											
初发酵											
复发酵											
阳性管数/个											

注：1. 初发酵和复发酵后面的表格里，产酸产气的用"＋"表示，否则用"—"表示；

2. 可根据实际工作需要自行设计表格，至少要包括上述信息

（二）滤膜法

1. 实验目的

（1）理解粪大肠菌群在水质分析中的重要性。

（2）掌握滤膜法测定粪大肠菌群数的原理和方法。

2. 实验原理

滤膜是一种微孔性薄膜。将水样注入已灭菌的放有滤膜（孔径 0.45μm）的滤器中，经过抽滤，细菌即被截留在膜上，然后将滤膜置于 MFC 培养基上，在特定的温度（44.5℃）下培养 24 h。胆盐三号可抑制革兰氏阳性菌的生长，粪大肠菌群能生长并发酵乳糖产酸使指示剂变色，通过颜色判断是否产酸，并通过对蓝色或蓝绿色菌落计数，测定样品中粪大肠菌群浓度。在该法中，以菌落形成单位（colony forming units，CFU）来表示结果，定义为单位体积样品中的细菌群落总数。

滤膜法适用于地表水、地下水、生活污水和工业废水中粪大肠菌群的测定。当接种量为 100 ml 时，方法检出限为 10 CFU/L；当接种量为 500 ml 时，检出限为 2 CFU/L。

3. 实验仪器

（1）采样瓶：1 L、500 ml 或 250 ml 带螺旋帽或磨口塞的广口玻璃瓶。

（2）高压蒸汽灭菌器：115℃、121℃可调。

（3）恒温培养箱：允许温度偏差（44.5±0.5）℃。

（4）过滤装置：配有砂芯过滤器和真空泵，抽滤压力勿超过−50 kPa。

（5）pH 计：准确到 0.1 pH 单位。

（6）培养皿：直径 90 mm。

（7）一般实验室常用仪器和设备。

玻璃器皿及采样器具试验前要按无菌操作要求包扎，121℃高压蒸汽灭菌 20 min 备用。

4. 实验试剂

（1）MFC 培养基：胰胨 10 g、蛋白胨 5 g、酵母浸膏 3 g、氯化钠 5 g、乳糖 12.5 g、胆盐三号 1.5 g、1%苯胺蓝水溶液 10 ml、1%玫瑰红酸溶液（溶于 8 g/L 氢氧化钠液中）10 ml。将上述培养基中的成分（除苯胺蓝和玫瑰红酸外），溶解于 1000 ml 水中，调节 pH 为 7.4，分装于三角烧瓶内，于 115℃灭菌 20 min，储存于冷暗处备用。临用前，按上述配方比例，用灭菌吸管分别加入已煮沸灭菌的 1%苯胺蓝水溶液 1 ml 及 1%玫瑰红酸溶液（溶于 8 g/L 氢氧化钠液中）1 ml，混合均匀。如培养物中杂菌不多，则培养基中不加玫瑰红酸亦可。加热溶解前，加入 1.2%～1.5%琼脂可制成固体培养基。也可选用市售成品培养基。配制好的培养基避光、干燥保存，必要时在（5±3）℃冰箱中保存，分装到平皿中的培养基可保存 2～4 周。配制好的培养基不能进行多次熔化操作，以少量勤配为宜。当培养基颜色变化，或脱水明显时废弃不用。

（2）无菌滤膜：直径 50 mm，孔径 0.45 μm 的乙酸纤维素膜，按无菌操作要求包扎，经 121℃ 高压蒸汽灭菌 20 min，晒干备用；或将滤膜放入烧杯中，加入实验用水，煮沸灭菌 3 次，15 min/次，前 2 次煮沸后需更换水洗涤 2～3 次。

（3）无菌水：取适量实验用水，经 121℃ 高压蒸汽灭菌 20 min，备用。

（4）硫代硫酸钠（$\rho_{Na_2S_2O_3} = 0.10$ g/ml）：称取 15.7 g 的 $Na_2S_2O_3 \cdot 5H_2O$，溶于适量水中，定容至 100 ml，临用现配。

（5）乙二胺四乙酸二钠溶液（$\rho_{C_{10}H_{14}N_2O_8Na_2 \cdot 2H_2O} = 0.15$ g/ml）：称取 15 g 的 $C_{10}H_{14}N_2O_8Na_2 \cdot 2H_2O$，溶于适量水中，定容至 100 ml，可保存 30 d。

5. 实验步骤

1）样品采集

点位布设及采样频次按照《水质 湖泊和水库采样技术指导》（GB/T 14581—1993）、《水质 采样技术指导》（HJ/T 494—2009）和《地表水和污水监测技术规范》（HJ/T 91—2002）的相关规定执行。

采集微生物样品时，采样瓶不得用样品洗涤，采集样品于灭菌的采样瓶中。样品采集量可根据水体实际情况而定，一般不少于 250 ml。

采集河流、湖库等地表水样品时，可握住瓶子下部直接将带塞采样瓶插入水中距水面约 10～15 cm 处，瓶口朝水流方向，拔瓶塞，使样品灌入瓶内然后盖上瓶塞，将采样瓶从水中取出。如果没有水流，可握住瓶子水平往前推。采样量一般为采样瓶容量的 80% 左右。样品采集完毕后，迅速扎上无菌包装纸。

从龙头装置采集样品时，不要选用漏水龙头，采水前将龙头打开至最大，放水 3～5 min，然后将龙头关闭，用火焰灼烧约 3 min 灭菌或用 70%～75% 的酒精对龙头进行消毒，开足龙头，再放水 1 min，以充分除去水管中的滞留杂质。采样时控制水流速度，小心接入瓶内。

采集地表水、废水样品及一定深度的样品时，也可使用灭菌过的专用采样装置采样。

在同一采样点进行分层采样时，应自上而下进行，以免不同层次的搅扰。

如果采集的是含有活性氯的样品，需在采样瓶灭菌前加入硫代硫酸钠溶液，以除去活性氯对细菌的抑制作用（每 125 ml 容积加入 0.1 ml 的硫代硫酸钠溶液）；如果采集的是重金属离子含量较高的样品，则在采样瓶灭菌前加入乙二胺四乙酸二钠溶液，以消除干扰（每 125 ml 容积加入 0.3 ml 的乙二胺四乙酸二钠溶液）。

2）样品保存

采样后应在 2 h 内检测，否则，应 10℃以下冷藏但不得超过 6 h。实验室接样后，不能立即开展检测的，将样品于 4℃以下冷藏并在 2 h 内检测。

3）样品过滤

根据样品的种类判断接种量，最小过滤体积为 10 ml，如接种量小于 10 ml 时应逐级稀释。先估计出适合在滤膜上计数所使用的体积，然后再取这个体积的 1/10 和 10 倍，分别过滤。理想的样品接种量是滤膜上生长的粪大肠菌群菌落数为 20～60 个，总菌落数不得超过 200 个。当最小过滤体积为 10 ml，滤膜上菌落密度仍过大时，则应对样品进行稀释。1∶10 稀释的方法为：吸取 10 ml 样品，注入盛有 90 ml 无菌水的三角烧瓶中，混匀，制成 1∶10 稀释样品。样品接种量参考见表 2.29。

表 2.29　接种量参考

样品类型			接种量/ml							
			100	10	1	0.1	0.01	0.001	0.000 1	0.000 01
地表水	水源水		√	√	√					
	湖泊（水库）			√	√	√				
	河流			√	√	√				
废水		生活污水						√	√	√
	工业废水	处理前						√	√	√
		处理后		√	√	√				
地下水				√	√	√				

用灭菌镊子以无菌操作夹取无菌滤膜边缘，将正面向上，贴放在已灭菌的过滤装置上，固定好过滤装置，将样品充分混匀后抽滤，以无菌水冲洗器壁 2～3 次。样品过滤完成后，再抽气约 5 s，关上开关。

4）培养

用灭菌镊子夹取滤膜移放在 MFC 培养基上，滤膜截留细菌面向上，滤膜应与培养基完全贴紧，两者间不得留有气泡，然后将培养皿倒置，放入恒温培养箱内，（44.5±0.5）℃培养（24±2）h。

5）对照试验

（1）空白对照：每次试验都要用无菌水按照步骤 3）和 4）进行实验室空白测定。

（2）阳性及阴性对照：将粪大肠菌群的阳性菌株（如大肠埃希氏菌 *Escherichia coli*）和阴性菌株（如产气肠杆菌 *Enterobacter aerogenes*）制成浓度为 40～600 CFU/L 的菌悬液，分别按照步骤 3）和 4）培养，阳性菌株应呈现阳性反应，阴性菌株应呈现阴性反应，否则，该次样品测定结果无效，应查明原因后重新测定。

6. 结果计算与表示

1）结果判读

MFC 培养基上呈蓝色或蓝绿色的菌落为粪大肠菌群菌落，予以计数。MFC 培养基上呈灰色、淡黄色或无色的菌落为非粪大肠菌群菌落，不予计数。

2）结果计算

样品中粪大肠菌群数（CFU/L），按照如下公式进行计算：

$$C = \frac{C_1 \times 1000}{f}$$

式中，C——样品中粪大肠菌群群菌数（CFU/L）；

C_1——滤膜上生长的粪大肠菌群菌落总数（个）；

1000 ——将过滤体积单位由 ml 转换为 L；

f——样品接种量（ml）；

若平行样结果都在 20～60 CFU/L 内，最终结果取平均值以几何平均计算。

3）结果表示

测定结果保留至整数位，最多保留两位有效数字，当测定结果≥100 CFU/L 时，以科学计数法表示。

7. 注意事项

（1）活性氯具有氧化性，能破坏微生物细胞内的酶活性，导致细胞死亡，可在样品采集时加入硫代硫酸钠溶液消除干扰。15.7 mg 硫代硫酸钠可去除样品中 1.5 mg 活性氯，硫代硫酸钠用量可根据样品实际活性氯量调整。

（2）重金属离子具有细胞毒性，能破坏微生物细胞内的酶活性，导致细胞死亡，可在样品采集时加入乙二胺四乙酸二钠溶液消除干扰。

（3）试验中要进行质量保证和质量控制的同步操作。具体包括：培养基检验，更换不同批次培养基时要进行阳性和阴性菌株检验，若未分别呈现阳性和阴性反应，则样品批次测定结果无效，应查明原因后重新测定；对照试验，每次都要用无菌水做实验室空白测定，培养后的培养基上不得有任何菌落生长。

同时要进行阳性及阴性对照，未呈现阴性反应结果无效。

（4）使用后的废物及器皿须经 121℃高压蒸汽灭菌 30 min 或使用液体消毒剂（自制或市售）灭菌后，器皿方可清洗，废物作为一般废物处置。

（5）当样品浑浊度较高时，应选用其他方法。

实验二十二　　液相色谱法测定水中的苯并[a]芘

一、实验目的和要求

（1）掌握液相色谱仪测定水中苯并[a]芘的原理和方法。

（2）熟悉液相色谱仪的结构、功能和使用方法。

二、实验原理

苯并[a]芘是一种五环多环芳香烃，常温下为无色至淡黄色针状晶体，是物质在 300～600℃不完全燃烧下产生的。作为一种常见的高活性间接致癌物和突变原，苯并[a]芘会诱发皮肤疾病、消化道疾病以及肿瘤等。水中的苯并[a]芘一般来源于工业"三废"、管道涂层、蓄水槽污染等。根据我国《生活饮用水卫生标准》（GB 5749—2006），苯并[a]芘为非常规指标，其限量标准为 10 ng/L。

水中苯并[a]芘及其他芳烃能被环己烷萃取，萃取液经活性氧化铝吸附净化，以苯洗脱、浓缩后，可用液相色谱-荧光检测器定量。

三、实验仪器

（1）液相色谱仪，配荧光检测器和记录仪，色谱柱长 150 mm，内径 3.9 mm，填充物为 Spherisorb C_{18}（5 μm）。

（2）微量注射器，25 μl，针头锥度为 90 度。

（3）分液漏斗，1000 ml。

（4）KD 浓缩器。

（5）层析柱，玻璃柱，内径 5 mm，长 10 cm。

四、实验试剂

所用试剂和材料应进行空白试验，即通过全部操作过程，证明无干扰物质存在。所有试剂使用前均应采用 0.45 μm 过滤膜过滤。

（1）活性氧化铝：取 250 g 100～200 目层析用中性氧化铝于 140℃活化 4 h，冷却后装瓶，储存于干燥器内，备用。

（2）盐酸溶液（1+19）：取 5 ml 盐酸（ρ_{20}=1.19 g/ml），加至 95 ml 纯水中，混匀。

（3）氢氧化钠溶液：称取 5 g 氢氧化钠，用纯水溶解，并稀释至 100 ml。

（4）玻璃棉：用上述盐酸溶液浸泡过夜，然后用纯水洗至中性。用上述氢氧化钠溶液浸泡过夜，再以纯水洗至中性，于 105℃烘干备用。

（5）甲醇：HPLC 级。

（6）超纯水：电阻率大于 18.0 MΩ。

（7）活性炭：取 50 g（20～40 目）活性炭用盐酸溶液浸泡过夜，用纯水洗至中性，于 105℃烘干。再用上述环己烷浸泡过夜，滤干后在氮气流下于 400℃活化 4 h，冷后储于磨口瓶中备用。

（8）环己烷：通过活性炭层析柱后重蒸馏，取此环己烷 70 ml 浓缩至 1.0 ml，浓缩液必须测不出苯并[a]芘的存在，方可使用。

（9）苯：重蒸馏。

（10）无水硫酸钠：400℃烘烤 4 h，冷却后储于磨口瓶中备用。

五、实验步骤

1. 水样的采集及储存方法

在采样点采取水样时，水样应完全注满，不留有空气。采集水源水水样时，应将水样瓶（棕色瓶）浸入水面下再进行采样，以防表层水的污染。采集自来水水样时，应在水龙头消毒之前采集，并在每升水样中加 0.5 ml 硫代硫酸钠溶液（100 g/L）混匀，以除去游离余氯。试样应放置暗处并尽快在采样后 24 h 内进行萃取。萃取液在冰箱内可保存 1 晚。

2. 水样的预处理（需在暗室内，有微弱黄光下操作）

1）水样的萃取

取 500 ml 均匀水样置于 1000 ml 分液漏斗中，用 70 ml 环己烷分三次萃取（30 ml、20 ml 和 20 ml），每次振摇 5 min，注意放气，放置 15 min，分出环己烷萃取液，合并三次萃取液于 250 ml 具塞锥形瓶中，加入 5～10 g 无水硫酸钠脱水。

2）萃取液的净化

装氧化铝柱：将活性氧化铝在不断振动下装入层析柱内，柱底部装有少许处理过的玻璃棉，氧化铝的高度为 5～7 cm，上面再装 1～2 cm 高的无水硫酸钠，用少量环己烷润湿，不得有气泡。

柱层析：将水样的环己烷萃取液注入氧化铝柱上，锥形瓶中残存的无水硫酸钠用 20 ml 环己烷分次洗涤，洗涤液过柱。用 10 ml 苯淋洗氧化铝柱，收集苯洗脱液。

样品浓缩：将柱层析过程产生的苯洗脱液置于 KD 浓缩器内，于 60～70℃水浴中减压浓缩至 0.1 ml。

3）仪器分析

仪器条件：柱温为 30℃，流动相为 90%甲醇和 10%水，流速 2 ml/min，荧光激发波长 $E_x = 303$ nm，荧光发射波长 $E_m = 425$ nm。

标准曲线：采用外标法进行定量。首先配制浓度 $c = 100$ μg/ml 的苯并[a]芘标准储备溶液，称取 5.00 mg 苯并[a]芘，用少量苯溶解后，加环己烷定容至 50.0 ml。装入棕色瓶，储于冰箱内，可保存 6 个月。再配制浓度 $c = 1$ μg/ml 苯并[a]芘标准中间溶液，吸取 1.00 ml 苯并[a]芘标准储备溶液于 100 ml 棕色容量瓶内，用环己烷稀释至刻度。储于冰箱内，可保存 1 个月。最后进行标准使用液的配制，取 5个 10 ml 容量瓶，分别加入 0 ml、0.07 ml、0.15 ml、0.25 ml、0.50 ml 的苯并[a]芘标准中间液，用环己烷稀释至刻度，标准使用液苯并[a]芘浓度分别为 0 ng/ml、7 ng/ml、15 ng/ml、25 ng/ml 和 50 ng/ml。

标准数据的表示：用标准曲线计算测定结果。各取 10 μl 苯并[a]芘标准使用溶液注入液相色谱仪，记录色谱峰峰高或面积，以峰高或峰面积为纵坐标，浓度为横坐标，绘制标准曲线。

定量分析：取 10 μl 样品浓缩液注入色谱仪，测量峰高或峰面积。从标准曲线上查出水样苯并[a]芘的含量。

六、数据记录与处理

水样中苯并[a]芘[简称为 B(a)P]的质量浓度按下式计算：

$$\rho[B(a)P] = \frac{\rho_1 \times V_1 \times 1000}{V}$$

式中，$\rho[B(a)P]$——水样中苯并[a]芘的质量浓度，单位为纳克每升（ng/L）；

ρ_1——相当于标准曲线标准的苯并[a]芘质量浓度，单位为纳克每毫升（ng/ml）；

V_1——萃取液浓缩后的体积，单位为毫升（ml）；

V——水样体积，单位为毫升（ml）。

七、注意事项

（1）本法来自《生活饮用水标准检验方法 有机物指标》（GB/T 5750.8—2006），适用于生活饮用水及其水源水中苯并[a]芘的测定。最低检测质量为 0.07 ng，若取 500 ml 水样测定，最低检测质量浓度为 1.4 ng/L。

（2）本实验需熟练掌握液相色谱仪的操作，尤其是需要掌握液相色谱仪的结构和分析原理，掌握液相色谱仪的开机、参数设置、进样、数据处理和分析等操作过程。

八、思考题

（1）水中苯并[a]芘的测定中萃取、净化和浓缩分别有什么目的？

（2）液相色谱仪的使用需注意哪些细节？

第三章　水分析化学设计性实验

实验一　某河段水质分析与评价

一、实验目的

本设计实验要求学生运用水分析化学的理论知识及实验方法，参阅相关文献，设计并完成实际河流水质指标的测定。通过测定分析河流水质指标项目，了解河流受污染状况；与环境质量评价结合，评价所采集河流水质质量状况，得出结论并给出建议。

本实验旨在锻炼学生灵活运用所学知识、查阅文献、设计实验、开展实验、处理分析实验数据的能力，初步培养学生活跃的科研思维、严谨的科学态度及科技写作的能力，为学生今后的科研、工作奠定实践基础。

二、实验要求

根据给定的实验内容，采用真题真做的方式，调查收集某河段的资料，进行整理、分析；确定采样点、采样方法、样品保存方式和测定方法。

在实验期间，以组为单位，在老师的指导下相对独立地、按时按要求完成实验。遵守学校的各项纪律要求。

三、实验仪器及试剂

1. 仪器设备

分光光度计、AA-6501型火焰原子吸收分光光度计、pH计、溶解氧测定仪、恒温培养箱、曝气装置、分析天平、冰箱、恒温干燥箱、电炉、金属空心阴极灯、回流冷凝装置、沸水浴装置、聚乙烯瓶、溶解氧瓶、锥形瓶、容量瓶、试剂瓶、玻璃滤器、量筒、烧杯、洗瓶、具塞比色管、吸量管、微量滴定管、滴定管、漏斗、滤纸、滤膜、定时钟等。

2. 试剂

氢氧化钠、浓硫酸、硝酸、高氯酸、硫酸银、碳酸钠、硫代硫酸钠、酒石酸钾钠、草酸钠、邻苯二甲酸氢钾、重铬酸钾、碘化钾、高锰酸钾、碘化钾、硫酸亚铁、硫酸锰、硫酸亚铁铵、氯化铵、硫酸锌、硫酸汞、碘化汞、淀粉、过氧化氢铬标准储备液、邻菲啰啉、冰乙酸、硫酸镁、氯化钙、葡萄糖、谷氨酸、氯化铁、丙烯基硫脲等。

四、实验主要内容

根据河段的具体情况，要求学生自行设计水样采集方案、水样预处理及指标测定方法并加以实施，具体测定的指标根据老师要求和河段水质的情况来确定。

1. 水样采集

（1）确定水样的采集布点、采集水样种类及样品量。
（2）准备采样时所使用的保护剂，准备采样瓶并编号。
（3）采集水样，现场做好记录和贴标签。
具体方法根据本书水样采集的步骤进行。

2. 水样预处理

（1）确定每一个项目测定前对水样的预处理方法、消除干扰的方法、保存方法。
（2）调试预处理水样时所使用的仪器、准备所用试剂。
（3）对所采集水样进行预处理及妥善保存。
具体方法用本书水样预处理的方法进行。

3. 水样指标测定

（1）确定水质指标的测定方法，制定详细的实验步骤。
（2）调试水质指标测定时所使用的仪器设备，准备实验试剂。
（3）测定水质指标，观察、记录实验现象，记录实验数据。
测定指标主要有 pH、浊度、COD_{Cr}、BOD_5、重金属离子浓度等，具体根据河水的情况和老师的要求来安排测定指标，具体的水样测定方法根据本书水质的分析方法进行。

4. 数据处理与分析

（1）根据所得原始实验数据，计算水样各项目的测定结果。
（2）对测定结果进行深入分析与讨论，结合国家或地方相关水质标准，对河段水质作出评价。

五、说明

（1）本实验涉及内容较多，需要分工合作，分组进行，每组若干人，推选组长。实验开始前将分组情况发给老师，实习结束后根据各人贡献进行组内个人评分。

（2）实验开始前，各组收集相关河段的资料，以及当地水质标准等。

（3）实验分组后，要制定好任务分工，合理分配好采样、预处理、测定等实验，实验过程中要注意安全。

（4）在实验开展的过程中，要填写工作日志并提交。

六、实验报告要求

（1）调查方案：包括实验目的、实验原理、实验步骤。

（2）研究报告：包括研究背景、研究目的、研究方法、结果与讨论及结论。

（3）记录最终的实验结果，并对实验的结果提出相关的处理或整改建议。

实验二　某小区自来水水质指标的测定与分析

一、实验目的

本设计实验要求学生运用水分析化学的理论知识及实验方法,参阅相关文献,设计并完成实际自来水水质指标的测定。通过测定分析小区自来水水质指标项目,了解自来水水质状况。

本实验旨在锻炼学生灵活运用所学知识、查阅文献、设计实验、开展实验、处理分析实验数据的能力,初步培养学生活跃的科研思维、严谨的科学态度及科技写作的能力,为学生今后的科研、工作奠定实践基础。

本实验所涉及的一些自来水水质指标的测定在本书的没有提及的,需要学生课下进行资料的查阅,完成本实验。

二、实验要求

根据给定的实验内容,采用真题真做的方式,调查收集某小区自来水的供水情况,进行整理、分析;确定采样点、采样方法、样品保存方式和测定方法。

在实验期间,以组为单位,在老师的指导下相对独立地、按时按要求完成实验。遵守学校的各项纪律要求。

三、实验仪器及试剂

1. 仪器

酸式滴定管（50 ml）、锥形瓶（250 ml）、洗瓶（500 ml）、刻度吸量管（10 ml、5 ml）、电炉、pH 广范试纸、玻璃棒、吸耳球、pH 计等

2. 试剂

EDTA（0.01 mol/L，AR）、NH_3-NH_4Cl 缓冲溶液（pH≈10）、钙标准溶液（0.01 mol/L）、三乙醇胺（20%水溶液）、Na_2S（2%水溶液）、HCl（4 mol/L）、NaOH（2 mol/L）、铬黑 T 指示剂（粉末状）、钙指示剂（粉末状）、硝酸银（0.0141 mol/L）、铬酸钾溶液（50 g/L）、高锰酸钾（0.01 mol/L）等。

四、实验主要内容

本实验所测定的水质指标主要是 pH、水中总硬度、余氯等。要求学生根据水

样的采集和保存方法，自行设计水样采集方案、水样预处理及指标测定方法并加以实施。

1. 水样采集

（1）确定水样的采集布点、采集水样量。
（2）准备采样时所使用的保护剂，准备采样瓶并编号。
（3）采集水样，现场做好记录和贴标签。
具体方法根据本书水样采集的步骤进行。

2. 水样预处理

（1）确定每一个项目测定前对水样的预处理方法、消除干扰的方法、保存方法。
（2）调试预处理水样时所使用的仪器，准备所用试剂。
（3）对所采集水样进行预处理及妥善保存。
具体方法用本书水样预处理的方法进行。

3. 水样指标测定

（1）确定水质指标的测定方法，制定详细的实验步骤。
（2）调试水质指标测定时所使用的仪器设备，准备实验试剂。
（3）测定水质指标，观察、记录实验现象，记录实验数据。
测定指标为 pH、水质硬度，水质余氯等，具体的水样测定方法根据本书水质的分析方法进行。

4. 数据处理与分析

（1）根据所得原始实验数据，计算水样各项目的测定结果。
（2）对测定结果进行深入分析与讨论，结合国家或地方相关水质标准，对自来水水质作出评价。

五、说明

（1）本实验涉及内容较多，需要分工合作，分组进行，每组若干人，推选组长。实验开始前将分组情况发给老师，实习结束后根据各人贡献进行组内个人评分。
（2）实验开始前，各组收集相关小区的供水资料，以及当地自来水的情况等。
（3）实验分组后，要制定好任务分工，合理分配好采样、预处理、测定等实验，实验过程中要注意安全。

（4）在实验开展的过程中，要填写工作日志并提交。

六、实验报告要求

（1）调查方案：包括实验目的、实验原理、实验步骤。

（2）研究报告：包括研究背景、研究目的、研究方法、结果与讨论及结论。

（3）记录最终的实验结果，并对实验的结果提出相关的处理或整改建议。

实验三 生活污水水质分析与评价

一、实验目的

本设计实验要求学生运用水分析化学的理论知识及实验方法,参阅相关文献,设计并完成实际生活污水水质指标的测定。通过测定分析生活污水水质指标项目,了解生活污水状况,得出生活污水污染的状况结论;与环境工程技术结合,给出相应生活污水治理的建议。

本实验旨在锻炼学生灵活运用所学知识、查阅文献、设计实验、开展实验、处理分析实验数据的能力,初步培养学生活跃的科研思维、严谨的科学态度及科技写作的能力,为学生今后的科研、工作奠定实践基础。

二、实验要求

根据给定的实验内容,采用真题真做的方式,调查收集某地生活污水情况,进行整理、分析;确定采样点、采样方法、样品保存方式和测定方法。

在实验期间,以组为单位,在老师的指导下相对独立地、按时按要求完成实验。遵守学校的各项纪律要求。

三、实验仪器及试剂

1. 仪器设备

分光光度计、pH 计、分析天平、冰箱、恒温干燥箱、恒温培养箱、溶氧仪、电炉、回流冷凝装置、沸水浴装置、聚乙烯瓶、锥形瓶、容量瓶、试剂瓶、玻璃滤器、量筒、烧杯、洗瓶、具塞比色管、吸量管、微量滴定管、滴定管、漏斗、滤纸、滤膜、定时钟等。

2. 试剂

氢氧化钠、浓硫酸、盐酸、乙酸、淀粉、磷酸二氢钾、磷酸氢二钾、硫酸镁、氯化钙、氯化铁、硝酸、高氯酸、硫酸银、碳酸钠、亚硫酸钠、酒石酸钾钠、草酸钠、邻苯二甲酸氢钾、重铬酸钾、碘化钾、硫酸亚铁、硫酸亚铁铵、氯化铵、硫酸锌、硫酸汞、碘化汞、淀粉、乙炔、邻菲啰啉、氯化汞、氢氧化钾、硼酸、溴百里酚蓝、酚二磺酸、氨水、高锰酸钾等。

四、实验主要内容

本实验所测定的水质指标包括 pH、色度、化学需氧量、硝酸盐、五日生化需氧量、氨氮等。要求学生根据水样的采集和保存方法，自行设计水样采集方案、水样预处理及指标测定方法，并加以实施。

1. 水样采集

（1）确定水样的采集布点、采集水样种类及样品量。
（2）准备采样时所使用的保护剂，准备采样瓶并编号。
（3）采集水样，现场做好记录和贴标签。
具体方法根据本书水样采集的步骤进行。

2. 水样预处理

（1）确定每一个项目测定前对水样的预处理方法、消除干扰的方法、保存方法。
（2）调试预处理水样时所使用的仪器、准备所用试剂。
（3）对所采集水样进行预处理及妥善保存。
具体方法用本书水样预处理的方法进行。

3. 水样指标测定

（1）确定水质指标的测定方法，制定详细的实验步骤。
（2）调试水质指标测定时所使用的仪器设备，准备实验试剂。
（3）测定水质指标，观察、记录实验现象，记录实验数据。
本实验所测定的水质指标包括 pH、色度、化学需氧量、硝酸盐、五日生化需氧量、氨氮等；具体测定的指标可以根据生活污水的情况和老师的要求安排。

4. 数据处理与分析

（1）根据所得原始实验数据，计算水样各项目的测定结果。
（2）对测定结果进行深入分析与讨论，结合国家相关水质标准，对生活污水水质作出评价。
（3）根据水质的情况，结合所学的环境工程技术知识，给出合理的相应生物污水的处理建议。

五、说明

（1）本实验涉及内容较多，需要分工合作，分组进行，每组若干人，推选组长。实验开始前将分组情况发给老师，结束后根据各人贡献进行组内个人评分。

（2）实验开始前，各组收集相关生活污水的情况等。

（3）实验分组后，要制定好任务分工，合理分配好采样、预处理、测定等实验，实验过程中要注意安全。

（4）在实验开展的过程中，要填写工作日志并提交。

六、实验报告要求

（1）调查方案：包括实验目的、实验原理、实验步骤。

（2）研究报告：包括研究背景、研究目的、研究方法、结果与讨论及结论。

（3）记录最终的实验结果，并对实验的结果提出相关的处理或整改建议。

附录 1　水质指标与水质标准

1. 《污水综合排放标准》（GB 8978—1996）

根据排放污染物的性质和控制方式把污染物分为两类。

第一类污染物（附表 1.1）：不分行业和污水排放方式，也不分受纳水体的功能类别，一律在车间或车间处理设施排放口采样，其最高排放浓度不得超过本标准要求（采矿行业的尾矿坝出水口不得视为车间排放口）。

第二类污染物（附表 1.2）：在排污单位排放口采样，其最高排放浓度不得超过本标准要求。

附表 1.1　第一类污染物最高允许排放浓度　　（单位：mg/L）

序号	污染物	最高允许排放浓度
1	总汞	0.05
2	烷基汞	不得检出
3	总镉	0.1
4	总铬	1.5
5	六价铬	0.5
6	总砷	0.5
7	总铅	1.0
8	总镍	1.0
9	苯并芘	0.000 03
10	总铍	0.005
11	总银	0.5
12	总 α 放射性	1 Bq/L
13	总 β 放射性	10 Bq/L

附表 1.2　第二类污染物最高允许排放浓度（节选）　　（单位：mg/L）

（1998 年 1 月 1 之后建设的单位）

序号	污染物名称	一级标准值	二级标准值	三级标准值
1	pH	6～9	6～9	6～9
2	色度	50	80	—

续表

序号	污染物名称	一级标准值	二级标准值	三级标准值
3	悬浮物（SS）	70	150	400
4	BOD_5	20	30	300
5	COD	100	150	500
6	氨氮	15	25	—
7	石油类	5	10	20
8	磷酸盐	0.5	1.0	—
9	总锌	2.0	5.0	5.0
10	总铜	0.5	1.0	2.0
11	总锰	2.0	2.0	5.0
12	氯苯	0.2	0.4	1.0
13	氟化物	10	10	20

2. 《城镇污水处理厂污染物排放标准》（GB 18918—2002）

根据城镇污水处理厂排入地表水域环境功能和保护目标，以及污水处理厂的处理工艺，将基本控制项目的常规污染物标准值分为一级标准、二级标准、三级标准（附表 1.3）。一级标准分为 A 标准和 B 标准。第一类金属污染物和选择控制项目不分级（附表 1.4 和附表 1.5）。

附表 1.3　基本控制项目最高允许排放浓度（日均值）　　（单位：mg/L）

序号	污染物名称		一级标准值	二级标准值	三级标准值
		A 标准	B 标准		
1	COD	50	60	100	120
2	BOD_5	10	20	30	60
3	SS	10	20	30	50
4	动植物油	1	3	5	20
5	石油类	1	3	5	15
6	阴离子表面活性剂	0.5	1	2	5
7	氨氮（以 N 计）	15	20	—	—
8	总氮（以 N 计）	5（8）	8（15）	25（30）	—
9	总磷（以 P 计）2005 年 12 月 31 日前建设的	1	1.5	3	5
	2006 年 1 月 1 日起建设的	0.5	1	3	5

续表

序号	污染物名称	一级标准值		二级标准值	三级标准值
		A 标准	B 标准		
10	色度（稀释倍数）	30	30	40	50
11	pH	6～9			
12	粪大肠菌群/（个/L）	10^3	10^4	10^4	—

附表 1.4　部分第一类污染物最高允许排放浓度（日均值）　　（单位：mg/L）

序号	污染物	最高允许排放浓度
1	总汞	0.001
2	烷基汞	不得检出
3	总镉	0.01
4	总铬	0.1
5	六价铬	0.05
6	总砷	0.1
7	总铅	0.1

附表 1.5　选择控制项目最高允许排放浓度（日均值）（节选）　　（单位：mg/L）

序号	污染物	标准值	序号	污染物	标准值
1	总镍	0.05	8	苯并芘	0.000 03
2	总铍	0.002	9	挥发酚	0.5
3	总银	0.1	10	总氰化物	0.5
4	总铜	0.5	11	硫化物	1.0
5	总锌	1.0	12	甲醛	1.0
6	总锰	2.0	13	苯胺类	0.5
7	总硒	0.1	14	氯苯	0.3

3.《地表水环境质量标准》（GB 3838—2002）

依据地表水水域环境功能和保护目标，按功能高低依次划分为五类（附表 1.6）。

Ⅰ类主要适用于源头水、国家自然保护区；

Ⅱ类主要适用于集中式生活饮用水地表水源地一级保护区、珍稀水生生物栖息地、鱼虾类产场、仔稚幼鱼的索饵场等；

　　Ⅲ类主要适用于集中式生活饮用水地表水源地二级保护区、鱼虾类越冬场、洄游通道、水产养殖区等渔业水域及游泳区（附表 1.7）；

　　Ⅳ类主要适用于一般工业用水区及人体非直接接触的娱乐用水区；

　　Ⅴ类主要适用于农业用水区及一般景观要求水域。

附表 1.6　地表水环境质量标准基本项目标准限值　　　（单位：mg/L）

序号	分类 项目	Ⅰ类	Ⅱ类	Ⅲ类	Ⅳ类	Ⅴ类
1	水温/℃	人为造成的环境水温变化应限制在： 周平均最大温升≤1 周平均最大温降≤2				
2	pH（无量纲）	6～9				
3	溶解氧≥	饱和率 90% （或 7.5）	6	5	3	2
4	高锰酸盐指数≤	2	4	6	10	15
5	化学需氧量（COD）≤	15	15	20	30	40
6	五日生化需氧量（BOD_5）≤	3	3	4	6	10
7	氨氮（NH_3-N）≤	0.15	0.5	1.0	1.5	2.0
8	总磷（以 P 计）≤	0.02（湖、库 0.01）	0.1（湖、库 0.025）	0.2（湖、库 0.05）	0.3（湖、库 0.1）	0.4（湖、库 0.2）
9	总氮（湖、库，以 N 计）≤	0.2	0.5	1.0	1.5	2.0
10	铜≤	0.01	1.0	1.0	1.0	1.0
11	锌≤	0.05	1.0	1.0	2.0	2.0
12	氟化物（以 F^- 计）≤	1.0	1.0	1.0	1.5	1.5
13	硒≤	0.01	0.01	0.01	0.02	0.02
14	砷≤	0.05	0.05	0.05	0.1	0.1
15	汞≤	0.000 05	0.000 05	0.000 1	0.001	0.001
16	镉≤	0.001	0.005	0.005	0.005	0.01
17	铬（六价）≤	0.01	0.05	0.05	0.05	0.1
18	铅≤	0.01	0.01	0.05	0.05	0.1
19	氰化物≤	0.005	0.05	0.2	0.2	0.2
20	挥发酚≤	0.002	0.002	0.005	0.01	0.1
21	石油类≤	0.05	0.05	0.05	0.5	1.0
22	阴离子表面活性剂≤	0.2	0.2	0.2	0.3	0.3
23	硫化物≤	0.05	0.1	0.2	0.5	1.0
24	粪大肠菌群/（个/L）≤	200	2000	10 000	20 000	40 000

附表 1.7　集中式生活饮用水地表水源地补充项目标准限值　　（单位：mg/L）

序号	污染物	最高允许排放浓度
1	硫酸盐（以 SO_4^{2-} 计）	250
2	氯化物（以 Cl^- 计）	250
3	硝酸盐（以 N 计）	10
4	铁	0.3
5	锰	0.1

4. 《地下水质量标准》（GB/T 14848—2017）

依据我国地下水水质现状、人体健康基准值及地下水质量保护目标，并参照了生活饮用水、工业、农业用水水质最高要求，按照各组分含量高低（pH 除外）分为五类（附表 1.8）。

Ⅰ类：地下水化学组分含量低，适用于各种用途。

Ⅱ类：地下水化学组分含量较低。适用于各种用途。

Ⅲ类：地下水化学组分含量中等，以《生活饮用水卫生标准》（GB 5749—2006）为依据，主要适用于集中式生活饮用水水源及工农业用水。

Ⅳ类：地下水化学组分含量较高，以农业和工业用水质量要求及一定水平的人体健康风险为依据，适用于农业和部分工业用水，适当处理后可作生活饮用水。

Ⅴ类：地下水化学组分含量高，不宜作为生活饮用水水源，其他用水可根据使用目的选用。

附表 1.8　地下水质量常规指标及限值

序号	指标	Ⅰ类	Ⅱ类	Ⅲ类	Ⅳ类	Ⅴ类
		感官性状及一般化学指标				
1	色（铂钴色度单位）	≤5	≤5	≤15	≤25	>25
2	嗅和味	无	无	无	无	有
3	浑浊度/NTU	≤3	≤3	≤3	≤10	>10
4	肉眼可见物	无	无	无	无	有
5	pH		$6.5 \leqslant pH \leqslant 8.5$		$5.5 \leqslant pH \leqslant 6.5$ $8.5 \leqslant pH \leqslant 9.0$	$pH < 5.5$ 或 $pH > 9.0$
6	总硬度（以 $CaCO_3$ 计）/ (mg/L)	≤150	≤300	≤450	≤650	>650
7	溶解性总固体/(mg/L)	≤300	≤500	≤1000	≤2000	>2000
8	硫酸盐/(mg/L)	≤50	≤150	≤250	≤350	>350

序号	指标	I 类	II 类	III 类	IV 类	V 类
9	氯化物/(mg/L)	≤50	≤150	≤250	≤350	>350
10	铁/(mg/L)	≤0.1	≤0.2	≤0.3	≤2.0	>2.0
11	锰/(mg/L)	≤0.05	≤0.05	≤0.10	≤1.50	>1.50
12	铜/(mg/L)	≤0.01	≤0.05	≤1.00	≤1.50	>1.50
13	锌/(mg/L)	≤0.05	≤0.05	≤1.00	≤5.00	>5.00
14	铝/(mg/L)	≤0.01	≤0.05	≤0.20	≤0.50	>0.50
15	挥发性酚类（以苯酚计）/(mg/L)	≤0.001	≤0.001	≤0.002	≤0.01	>0.01
16	阴离子表面活性剂	不得检出	≤0.1	≤0.3	≤0.3	>0.3
17	耗氧量（COD_{Mn}法，以O_2计）/(mg/L)	≤1.0	≤2.0	≤3.0	≤10.0	>10.0
18	氨氮（以 N 计）/(mg/L)	≤0.02	≤0.10	≤0.50	≤1.50	>1.50
19	硫化物/(mg/L)	≤0.005	≤0.01	≤0.02	≤0.10	>0.10
20	钠/(mg/L)	≤100	≤150	≤200	≤400	>400
	微生物指标					
21	总大肠菌群/(MPN/100 ml，或 CFU/100 ml)	≤3.0	≤3.0	≤3.0	≤100	>100
22	菌落总数/(CFU/ml)	≤100	≤100	≤100	≤1000	>1000
	毒理学指标					
23	亚硝酸盐/(mg/L)	≤0.01	≤0.10	≤1.00	≤4.80	>4.80
24	硝酸盐/(mg/L)	≤2.0	≤5.0	≤20.0	≤30.0	>30.0
25	氰化物/(mg/L)	≤0.001	≤0.01	≤0.05	≤0.01	>0.1
26	氟化物/(mg/L)	≤1.0	≤1.0	≤1.0	≤2.0	>2.0
27	碘化物/(mg/L)	≤0.04	≤0.04	≤0.08	≤0.50	>0.50
28	汞/(mg/L)	≤0.000 1	≤0.000 1	≤0.001	≤0.002	>0.002
29	砷/(mg/L)	≤0.001	≤0.001	≤0.01	≤0.05	>0.05
30	硒/(mg/L)	≤0.01	≤0.001	≤0.01	≤0.1	>0.1
31	镉/(mg/L)	≤0.000 1	≤0.001	≤0.005	≤0.01	>0.01
32	铬（六价）/(mg/L)	≤0.005	≤0.01	≤0.05	≤0.10	>0.10
33	铅/(mg/L)	≤0.005	≤0.005	≤0.01	≤0.10	>0.10
34	三氯甲烷/(mg/L)	≤0.5	≤6	≤60	≤300	>300

续表

序号	指标	I 类	II 类	III 类	IV 类	V 类
35	四氯化碳/(mg/L)	≤0.5	≤0.5	≤2.0	≤50.0	>50.0
36	苯/(mg/L)	≤0.5	≤1.0	≤10.0	≤120	>120
37	甲苯/(mg/L)	≤0.5	≤140	≤700	≤1400	>1400
			放射性指标			
38	总 α 放射性/(Bq/L)	≤0.1	≤0.1	≤0.5	>0.5	>0.5
39	总 β 放射性/(Bq/L)	≤0.1	≤1.0	≤1.0	>1.0	>1.0

注：NTU 为散射浊度单位。MPU 表示可能数。CFU 表示菌落形成单位。放射性指标超过指导值，应进行核数分析和评价

5. 《农田灌溉水质标准》（GB 5084—2021）

农田灌溉水质标准适用于全国以地表水和处理后的养殖业废水及以农产品为原料加工的工业废水作为水源的农田灌溉用水，包括 16 个基本控制项目和 11 个选择性控制项目。详情见附表 1.9 和附表 1.10。

附表 1.9　农田灌溉用水水质基本控制项目标准值

序号	项目类别	作物种类		
		水作	旱作	蔬菜
1	COD/(mg/L)	≤150	≤200	≤100[a]，≤60[b]
2	BOD$_5$/(mg/L)	≤60	≤100	≤40[a]，≤15[b]
3	SS/(mg/L)	≤80	≤100	≤60[a]，≤15[b]
4	水温/℃		≤35	
5	pH		5.5～8.5	
6	阴离子表面活性剂	≤5	≤8	≤5
7	全盐量/(mg/L)		≤1000（非盐碱土地区），≤2000（盐碱土地区）	
8	氯化物/(mg/L)		≤350	
9	硫化物/(mg/L)		≤1	
10	总汞/(mg/L)		≤0.001	
11	镉/(mg/L)		≤0.01	
12	总砷/(mg/L)	≤0.05	≤0.1	≤0.05
13	铬（六价）/(mg/L)		≤0.1	

续表

序号	项目类别	作物种类		
		水作	旱作	蔬菜
14	铅/(mg/L)		≤0.2	
15	粪大肠菌群/(个/100 ml)	≤4000	≤4000	≤2000ᵃ，≤1000ᵇ
16	蛔虫卵数/(个/L)		≤2	≤2ᵃ，≤1ᵇ

注：a. 加工、烹调及去皮蔬菜。b. 生食类蔬菜、瓜类和草本水果

附表 1.10　农田灌溉用水水质选择性控制项目标准值

序号	项目类别	作物种类		
		水作	旱作	蔬菜
1	总铜/(mg/L)	≤0.5	≤1	
2	总锌/(mg/L)		≤2	
3	硒/(mg/L)		≤0.02	
4	氟化物（以 F⁻计）/(mg/L)		≤2（一般地区），≤3（高氟区）	
5	氰化物（以 CN⁻计）/(mg/L)		≤0.5	
6	石油类/(mg/L)	≤5	≤10	≤1
7	挥发酚/(mg/L)		≤1	
8	苯/(mg/L)		≤2.5	
9	丙烯醛/(mg/L)		≤0.5	
10	硼/(mg/L)		≤1（对硼敏感作物），≤2（对硼耐受性较强的作物）；≤3（对硼耐受性强的作物）	
11	三氯乙醛/(mg/L)	≤1	≤0.5	

附录 2　水质分析常用试剂配制方法

水质分析离不开使用化学试剂，根据本实验指导书所涉及的实验，列出水质分析中一些酸碱溶液配制方法及常用试剂的配制和保存方法，见附表 2.1 和附表 2.2。

附表 2.1　水质分析常用酸碱溶液的浓度及配制

溶液	密度/(g/cm³)	质量分数/%	摩尔质量浓度/(mol/L)	配制方法
浓硫酸	1.84	98	18	
稀硫酸	1.18	25	3	浓硫酸：水=1：5（V/V）
稀硫酸	1.06	9	1	3 mol/L 稀硫酸：水=1：2（V/V）
浓硝酸	1.41	68	16	
稀硝酸	1.2	32	6	浓硝酸：水=8：9（V/V）
稀硝酸	1.1	12	2	6 mol/L 稀硝酸：水=3：5（V/V）
浓盐酸	1.19	38	12	
稀盐酸	1.10	20	6	浓盐酸：水=1：1（V/V）
稀盐酸	1.00	7	2	6 mol/L 稀硝酸：水=1：2（V/V）
冰乙酸	1.05	99.8	17.5	
稀乙酸	1.04	35	6	冰乙酸：水=27：50（V/V）
稀乙酸	1.02	12	2	6 mol/L 稀乙酸：水=1：2（V/V）
浓氢氧化钠	1.44	41	14.4	
稀氢氧化钠	1.10	8	2	氢氧化钠 80 g/L
稀氢氧化钠	1.04	4	1	氢氧化钠 40 g/L

附表 2.2　水质分析常用试剂的配制与保存方法

溶液	配制与保存方法
重铬酸钾标准溶液（$c_{1/6K_2Cr_2O_7}$ =0.2500 mol/L）	称取预先在 120℃烘干 2 h 的重铬酸钾 12.258 g 溶解于纯水中，并定容到 1000 ml
0.05 mol/L 硫酸亚铁铵标准溶液	称取 19.75 g 硫酸亚铁铵溶解于纯水中，边搅拌边沿杯壁缓慢加入 20 ml 浓硫酸，冷却后定容到 1000 ml。（不用时应于冰箱中保存，防止标定后的浓度变化）

溶液	配制与保存方法
碱性碘化钾溶液	称取 500 g NaOH 溶于 300~400 ml 去离子水中，冷却。另称取 150 g KI 溶于 200 ml 去离子水中。待 NaOH 溶液冷却后，将两溶液合并混匀，用去离子水稀释至 1000 ml，摇匀。静置 24 h 后取上清液储存于塞紧的细口棕色瓶中备用。注意：需用橡皮塞塞紧，避光保存；此溶液酸化后，遇淀粉应不呈蓝色
1%（m/V）硫酸-硫酸银溶液	在 500 ml 浓硫酸（比重 1.84）中加入 5 g 硫酸银放置 1~2d，不时摇动使其溶解
10%（m/V）抗坏血酸溶液	溶解 10 g 抗坏血酸于蒸馏水中，并稀释至 100 ml，摇匀。该溶液储存在棕色玻璃细口瓶内，在 4℃冰箱内保存，可稳定几周；如颜色变黄，则重新配制
铬黑 T 干粉指示剂	称取 0.5 g 铬黑 T 与 100 g NaCl 充分混合，研磨后通过 40~50 目筛，盛放在棕色瓶中，紧塞瓶塞，可长期使用
试亚铁灵指示溶液	称取 1.485 g 邻菲啰啉，0.695 g 硫酸亚铁溶解于纯水中，并稀释到 100 ml，摇匀，储存于棕色瓶中。
总离子强度调节缓冲溶液（TISAB）	称取 58.8 g 二水柠檬酸钠和 85 g 硝酸钠，加水溶解，用盐酸调节 pH 至 5~6，转入 1000 ml 容量瓶中，定容至刻度线，摇匀
NH$_3$·H$_2$O-NH$_4$Cl 缓冲溶液	称取 16.9 g 氯化氨（NH$_4$Cl），溶于 143 ml 浓氨水中，得到溶液 A。另称取 0.780 g 硫酸镁（MgSO$_4$·7H$_2$O）及 1.179 g EDTA 二钠二水合物（C$_{10}$H$_{14}$N$_2$O$_8$Na$_2$·2H$_2$O），溶于 50 ml 去离子水中，加入 2 ml A 溶液和 0.2 g 左右的铬黑 T 干粉（此时溶液应成成紫红色，若为蓝色，应加极少量 MgSO$_4$ 使成紫红色）。用 EDTA-2Na 溶液滴定至溶液由紫红色变为蓝色，得到溶液 B。合并 A、B 两种溶液，并用去离子水稀释至 250 ml，合并溶液如又变为紫红色，在计算过程中应扣除空白

附录 3　实验室安全规范

在进行水分析化学实验时，经常接触水、电、气，许多有一定危险的、毒害性的化学试剂，易损坏的玻璃仪器及精密的现代分析仪器。为了保证实验的正常进行，确保人身安全及实验室财产安全，实验工作者必须严格遵守实验室安全规则和安全操作规范。

（1）实验室不能穿着拖鞋、短裤、裙子，应穿着白大褂，长发应扎好，不可佩戴隐形眼镜。

（2）实验室内禁止饮食、吸烟，一切化学药品禁止入口，接触过实验药品后及离开实验室之前要及时洗手。水、电、气等使用完毕后应立即关闭，离开实验室时，应检查水、电、气、门窗是否关好，严禁将实验室的任何仪器和试剂带离实验室。

（3）实验过程中不得擅自离开实验岗位，要集中精力，严格按照操作规范进行每一步实验，仔细观察实验进行的情况并及时做好记录，尊重实验结果。

（4）虚心听取老师的指导，不得随意改变实验步骤和方法，严格按照教材规定的步骤、仪器及试剂用量和规格进行实验。若要以新的路线和方法进行实验，应征得老师的同意。实验过程中若出现错误，不能随意结束实验，应积极主动请教老师，找出一个最佳的解决方案。

（5）使用浓酸、浓碱及其他强腐蚀性的试剂时，操作要小心，切勿溅在衣服和皮肤上。使用浓盐酸、浓硝酸、浓硫酸、氨水时，应在通风橱中进行操作。

（6）使用有机溶剂如乙醇、乙醚、三氯甲烷、丙酮、苯、四氯化碳等，必须远离明火和热源，用后盖紧瓶盖，置阴凉处存放。低沸点、低熔点的有机溶剂不得在明火或电炉上直接加热，应在加热套或水浴中加热。

（7）使用汞盐、砷化物、氰化物等剧毒品时，要特别小心。用过的废物、废液不可乱倒，应集中回收处理。

（8）取用试剂药品前，应看清标签。不能用手接触化学试剂。应根据用量取用试剂，多取的试剂不允许倒回原试剂瓶内。取完试剂后，一定要把瓶塞盖严，不能将瓶盖盖错。妥善处理无用的或玷污的试剂，固体弃于废物缸内，无环境污染液体用大量水冲入下水道。

（9）使用有毒或有强烈腐蚀性的气体或易挥发液体；制备或反应产生具有刺激性的、恶臭的或有毒的气体，如硫化氢、二氧化氮、氯气、一氧化碳、二氧化硫等；加热或蒸发盐酸、硝酸、硫酸等溶液时，都需要在通风橱中进行。

（10）保持实验室整洁。禁止把固体废弃物，如毛刷、纸屑、玻璃碎片等扔入水槽，避免造成下水道堵塞。

（11）确保仪器完好无损，正确安装实验装置，严格遵守操作规程。安装和使用各类玻璃器具时，切忌对玻璃仪器的任何部分施加过度的压力或张力，以免导致玻璃破碎而造成割伤。

（12）使用精密仪器时，应严格遵守操作规程，仪器使用完毕后，将仪器各部分旋钮恢复到原来的位置，关闭电源，拔去插头。

（13）使用电气设备时，应特别小心，切不可用湿的手去开启电闸和电器开关。凡是漏电的仪器不要使用，以免触电。

附录4 实验室意外事故处理

一、割伤与烫伤处理

（1）发生割伤时，首先应将伤口内异物取出，用生理盐水或硼酸溶液擦洗伤处，涂上碘酒或紫药水，用纱布包扎，或使用创可贴，必要时在包扎前撒些消炎粉。如果伤势较重，则应用纱布按住伤口止血后，立即送到医院清创缝合。

（2）烫伤时，立即涂上烫伤膏。切勿用水冲洗，更不能把水泡刺破。

二、化学试剂烧伤处理

（1）浓硫酸烧伤时，用干毛巾拭去浓硫酸，后用大量水冲洗，再用饱和碳酸氢钠溶液冲洗。然后用水冲洗，最后涂上烫伤膏。

（2）烧碱烧伤时，立即用大量水冲洗，再用1%～2%的乙酸或硼酸溶液冲洗。然后用水冲洗，最后涂上硼酸软膏或氯化锌软膏。

（3）酸溅入眼睛时，不要揉搓眼睛，应立即用大量清水冲洗，再用2%～3%的四硼酸钠溶液冲洗眼睛，然后用水冲洗。

（4）碱溅入眼睛时，不要揉搓眼睛，应立即用大量清水冲洗，再用3%的硼酸溶液冲洗眼睛，再用水冲洗。

（5）溴烧伤时，应立即用大量的水冲洗，再用酒精擦洗至无溴液，然后涂上甘油或烫伤膏。

注意：化学试剂烧伤严重，特别化学试剂溅入眼睛时，应紧急处理后，立即送至医院治疗。

三、吸入刺激性气体与有害气体的处理

（1）在吸入煤气、硫化氢气体时，立即到室外呼吸新鲜空气。

（2）在吸入刺激性或有毒气体如氯气、氯化氢、溴蒸气时，可吸入少量的乙醇与乙醚的混合蒸气解毒。

四、有毒物质入口处理

在遇有毒物质侵入口时，应立即内服 5～10 ml 硫酸铜的温水溶液，用手指伸入喉部促使呕吐，然后立即送医院治疗。

五、触电处理

若遇触电事故，应立即使触电者脱离电源——拉下电源或用绝缘物将电源线拨开（千万不要徒手去拉触电者，以免抢救者也被电流击倒）。同时，应立即将触电者抬至空气新鲜处，若电击伤害较轻，则触电者短时间内可恢复知觉；若电击伤害严重或已停止呼吸，则应立即为触电者解开上衣并及时做人工呼吸、给氧和送医院治疗。

六、火灾处理

当实验室不慎发生火灾时，千万不要惊慌失措、乱叫乱窜，或置他人于不顾而只顾自己，或置小火于不顾而酿成大灾，应立即切断电源与气源。如果着火面积大，蔓延迅速时，应选择安全通道逃生，同时大声呼叫同室人员撤离，并尽快拨打"119"电话报警。如果火势不大，且尚未对人造成很大的威胁时，应根据起火原因采取针对性的灭火措施。常用的灭火器及其适用范围见附表 4.1。

附表 4.1　常用灭火器及其适用范围

类型	药液成分	适用范围
酸碱式	$H_2SO_4 + NaHCO_3$	非油类及电器失火的一般火灾
泡沫式	$Al_2(SO_4)_3 + NaHCO_3$	油类失火
二氧化碳	液体 CO_2	电器失火
四氯化碳	液体 CCl_4	电器失火
干粉	粉末主要成分为 Na_2CO_3 等盐类物质，加入适量润滑剂、防潮剂	油类、可燃气体、电气设备、精密仪器、文件记录和遇水燃烧等物品的初起火灾
1211	CF_2ClBr	油类、有机溶剂、高压电气设备、精密仪器等失火

附录 5　学生实验守则

一、严格遵守实验课有关规定

（1）遵守实验室规章制度，保持实验室安静，严禁大声喧哗、打闹嬉戏、饮食或吸烟、玩手机。

（2）遵守实验室的安全守则，不得穿拖鞋、短裤、裙子进入实验室；进入实验室应先熟悉本实验室的水、电开关；实验过程中注意安全，如遇实验试剂、器皿打翻、仪器损坏或皮肤破伤等要及时报告老师、及时处理。

（3）尊敬老师，听从老师指导，不懂的及时咨询指导老师。严格按照实验操作过程进行实验，认真思考、细心操作，实验过程中不得擅自离开实验室。

（4）爱护公物，公用的仪器药品用后放回原处。实验结束后应整理好仪器和台面、打扫实验室、清倒废物。实验室所用仪器、药品不得带出实验室。离开实验室，谨记关好水、电、门、窗。

二、做好实验预习工作

（1）实验课前，仔细阅读本指导书相关实验内容，做到了解实验的目的、原理、内容及步骤，每一步实验都心中有数。

（2）写好预习报告，上课前交给指导老师检查。未经预习者，指导老师有权停止其实验。

（3）对于设计性实验，应在认真阅读与实验相关的文献资料基础上，拟订好实验设计方案，经指导老师认可后，方可进行实验。

三、做好实验课内数据记录

（1）实验时严格遵守操作规程，服从老师指导，认真观察、记录现象，应准备专用记录本，真实、规范、准确地记录实验数据，在实验结束后交给指导老师检查。

（2）实验数据有问题的需及时纠正重做，经指导老师同意后，方可离开实验室。

四、按规定完成实验报告

（1）实事求是地记录实验过程、实验结果，对结果进行分析，并完成思考题，将完整的实验报告按时交给指导老师评阅。

（2）不得抄袭或臆造。实验报告不合格者，必须重写。

注意：对不遵守本守则的学生，指导老师和实验员有权给予批评教育，情节严重者有权停止其实验。

附录6　实验报告撰写要求及格式规范

　　实验报告是把实验的目的、要求、内容、方法、过程、结果、讨论等记录下来，经过整理写成的书面汇报。其主要用途是帮助实验者不断积累研究资料、总结研究成果，能够培养和锻炼学生的逻辑归纳能力、综合分析能力和文字表达能力，是科学论文写作的基础。因此，规范撰写实验报告是实验者一项重要的基本技能训练，参加实验的每位学生均应及时认真地书写实验报告并按时交给老师批改。

一、实验报告撰写要求

1. 客观性

　　实验报告必须在科学实验的基础上进行撰写，实事求是地反映实验的过程和结果，着重告知一项科学事实，不能弄虚作假。较少表明对某些问题的观点和意见，如需表明观点也须在该实验客观事实的基础上提出。对抄袭实验报告或篡改原始数据的行为，一经发现将严肃处理。

2. 正确性

　　实验报告的写作对象是科学实验的客观事实，是对科学实验过程和结果的真实记录，内容需科学，表述需真实，判断需恰当。

3. 确证性

　　实验报告中记载的实验结果能被任何人重复和证实，也就是说，任何人按给定的条件重复这项实验都能观察到相同的科学现象、得到同样的结果。

4. 可读性

　　实验报告要求字迹工整、文字简练、数据齐全、图表规范、计算准确，分析要充分、具体、定量、易于理解。除用文字叙述和说明外，还常借助列表、作图等方式说明实验的基本原理、各步骤之间的关系、分析讨论实验结果。

二、实验报告格式规范

（1）实验报告用纸一般使用学校统一的实验报告纸，抬头要写清楚院系、专业、班、组、课程名称、学号、姓名、实验日期和实验地点等。页面左右下方都要留出 2 cm 的页边距，页脚居中写上页码，上交时应用订书机装订好。

（2）实验项目名称：用最简练的语言反映实验的内容，居中。

（3）实验目的和要求：明确实验的目的、内容和具体任务。

（4）实验内容和原理：写出简要原理、公式及其应用条件。

（5）实验试剂及仪器：记录主要试剂的名称，主要仪器的名称、型号和主要参数。

（6）操作方法和实验步骤：

①写出实验操作的总体思路、操作规范和操作主要注意事项，可画出实验的流程图。

②个别内容应根据实际实验过程进行调整、如实记录。

③公式、化学式等应居中。

（7）实验数据记录和处理：

①应翔实记录所有的原始数据和代号，并在实验报告中体现出来。

②物理量、数字表示要规范。

③科学、合理地设计原始数据和实验条件的记录表格，表格要求用三线表、标题位于上方居中。

（8）实验结果与分析：

①要给出详细的计算过程，写出公式和具体运算过程，并换算回原始样品中的浓度，明确地写出最后结果。

②插图应与结果文字紧密结合，紧随数据处理过程；插图的位置应在页面居中，长度约占页面宽度的 2/3；插图的画法见下述插图要求。

③最后要进行具体、定量的结果分析，说明其可靠性。

（9）思考题或讨论心得：

回答实验给出的思考题，总结实验过程和结果分析中存在的问题。如果本次实验失败，应找出失败的原因及以后实验应注意的事项、解决问题的方法与建议。避免抽象地罗列，笼统地讨论。如无讨论内容则可不写。

注意：实验报告的格式不是千篇一律的，由于实验类型和内容的不同，实验报告写作的重点应呈现出不同。以上只是实验报告的基本构成内容，具体的实验报告可以根据实际情况进行增删。

附插图要求：

（1）每个图都要有标题，放在图的下方居中。

（2）坐标轴要标注物理量和单位，要有主要刻度单位和次要刻度单位。

（3）字体：图内为五号，标题为小四。

（4）不要网格线和背景，不要边框。

（5）插图长宽比约为 5:3。

参 考 文 献

戴竹青，2013. 水分析化学实验[M]. 2 版. 北京：中国石化出版社.

国家环境保护局，1987. 水质 溶解氧的测定 碘量法：GB 7489—1987[S]. 北京：中国标准出版社.

国家环境保护局，1996. 污水综合排放标准：GB 8978—1996[S]. 北京：中国标准出版社.

国家环境保护总局，1987. 水质 氟化物的测定 离子选择电极法：GB 7484—1987[S]. 北京：中国标准出版社.

国家环境保护总局，2007. 水质 铁的测定 邻菲啰啉分光光度法（试行）：HJ/T 345—2007[S]. 北京：中国环境出版集团.

国家环境保护总局，国家质量监督检验检疫总局，2002. 城镇污水处理厂污染物排放标准：GB 18918—2002[S]. 北京：中国环境出版集团.

国家环境保护总局，国家质量监督检验检疫总局，2002. 地表水环境质量标准：GB 3838—2002[S]. 北京.中国环境出版集团.

国家环境保护总局《水和废水监测分析方法》编委会，2002. 水和废水监测分析方法[M]. 4 版. 北京：中国环境出版集团.

国家质量监督检验检疫总局，中国国家标准化管理委员会，2017. 地下水质量标准：GB/T 14848—2017[S]. 北京：中国标准出版社.

何锡文，2005. 近代分析化学教程[M]. 北京：高等教育出版社.

胡桂香，2013. 化学化工软件应用教程[M]. 北京：化学工业出版社.

环境保护部，2009. 水质 五日生化需氧量（BOD$_5$）的测定 稀释与接种法：HJ 505—2009[S]. 北京：中国环境出版集团.

环境保护部，2009. 水质采样 样品的保存和管理技术规定：HJ 493—2009[S]. 北京：中国环境出版集团.

环境保护部，2010. 水质 氨氮的测定 纳氏试剂分光光度法：HJ 535—2009[S]. 北京：中国环境出版集团.

环境保护部，2015. 水质 铬的测定 火焰原子吸收分光光度法：HJ 757—2015[S]. 北京：中国环境出版集团.

环境保护部，2017. 水质 化学需氧量的测定 重铬酸盐法：HJ 828—2017[S]. 北京：中国环境出版集团.

黄君礼，吴明松，2013. 水分析化学[M]. 4 版. 北京：中国建筑工业出版社.

刘敬勇，2012. 环境监测实验[M]. 广州：华南理工大学出版社.

曲东，2007. 环境监测[M]. 北京：中国农业出版社.

生态环境部，2018. 水质 粪大肠菌群的测定 多管发酵法：HJ 347.2—2018[S]. 北京：中国环境出版集团.

生态环境部，2018. 水质 粪大肠菌群的测定 滤膜法：HJ 347.1—2018[S]. 北京：中国环境出版集团.

生态环境部，国家市场监督管理总局，2021. 农田灌溉水质标注：GB 5084—2021[S]. 北京：中国环境出版集团.

奚旦立，2011. 环境监测实验[M]. 北京：高等教育出版社.

薛薇，2008. 统计分析与 SPSS 的应用[M]. 2 版. 北京：中国人民大学出版社.

严金龙，潘梅，2014. 环境监测实验与实训[M]. 北京：化学工业出版社.

张新英，张超兰，刘绍刚，等，2016. 环境监测实验[M]. 北京：科学出版社.